湛庐 CHEERS

与最聪明的人共同进化

HERE COMES EVERYBODY

U0208623

0~1岁

卡普新生儿安抚法

The Happiest Baby on the Block

The New Way to
Calm Crying and
Help Your Newborn baby
Sleep Longer

［美］哈韦·卡普
（Harvey Karp）◎著
黄珏苹◎译

浙江人民出版社
ZHEJIANG PEOPLE'S PUBLISHING HOUSE

感谢全天下新手父母的慷慨之心
还有可爱的孩子们
他们是带着信任来到这个世界上的

平息婴儿哭闹的古老秘籍

上医学院的时候，老师告诉我们，婴儿尖声哭闹说明是肠胃胀气引起了腹痛，一般有两种缓解方法：一种是比较天然的，比如抱着他，来回摇摆，给他吃安抚奶嘴；另一种是医学疗法，比如给他服用镇静剂、抗痉挛剂或婴儿排气滴剂。很不幸，天然的方法在20%的情况下是不管用的，而医学疗法常常一点儿用都没有，有时还会引发严重的健康问题，比如对婴儿使用镇静剂是不恰当的，使用抗痉挛剂则会诱发婴儿昏迷甚至死亡，而排气滴剂并不比白开水更有效。

1978年，我完成了医学生训练，正式成为一名儿科医生，但是在面对肠绞痛的婴儿时，我依然感到很无助。我的无助很快就变成了震惊和担忧。在加州大学洛杉矶分校的反儿童虐待团队工作时，我看到一些婴儿仅仅因为哭闹不停就遭受了严重的伤害，甚至被残害至死。你不要武断地认为伤害婴儿的父母都是穷凶极恶的人，他们中的大多数人只是精疲力竭、被压力压垮了，婴儿不停的尖声哭闹最终让他们崩溃了。

　　为什么如今先进的科学技术不能解决如此常见，又令人烦恼不已的肠绞痛问题呢？这令我很困惑。于是我开始阅读一切能够找到的资料，寻找解决这个难题的线索。很快，我发现了两个现象，它们把我的担忧转变成了希望。

　　第一个现象是，我发现婴儿从出生到 4 个月大时，他们的大脑发育会发生质的改变。美国知名的儿科医生小阿瑟·帕米利（Arthur H. Parmelee, Jr.）在一份报告中写到，很多父母天真地以为婴儿生来就会微笑，会与人互动。当新生儿的父母听到小家伙尖锐的哭声几乎能震碎玻璃时，他们常常会大吃一惊。

　　在开始研究其他社会文化中的父母怎么安抚婴儿时，我有了第二个重要发现。在加州大学洛杉矶分校的图书馆里，我钻研了一些旧得快要发霉的书和期刊，吃惊地发现，肠绞痛引起的婴儿大哭大闹在一些文化中是不存在的。

　　在我看来，当代文化虽然在诸多方面都很先进，但在安抚婴儿方面显然是落后的。很多父母安抚婴儿的方法建立在持续了几个世纪的无稽之谈和错误认识的基础上。在钻研的过程中，我突然对"为什么有的宝宝哭闹

得那么厉害"这一难题有了简单但令人匪夷所思的答案：宝宝哭闹是因为他早出生了 3 个月。

当然，我肯定不会劝某位妈妈把孩子多怀上 3 个月。然而，与小马或小牛比起来，人类婴儿在出生时显然还没有准备好。我相信你一定注意到了，新生儿是多么喜欢像在子宫里一样被搂抱、被摇动，以及与他人进行肌肤接触。

为什么模拟子宫环境对婴儿有非常好的安抚作用呢？为什么这对一些宝宝有效，对另一些宝宝又无效呢？这些问题让我萌生了一个想法：节奏、类似子宫里的声音、动作和肌肤接触必须引发一种自动的镇静反射，但是，只有按顺序一步步做得完全正确，才能激发镇静反射。

镇静反射可以解释为什么世界上最好的安抚者能通过节奏感让宝宝平静下来。它还可以解释为什么颠簸的汽车和隆隆响的吹风机会立马让宝宝停止哭闹。镇静反射甚至能解开一些古老的谜题，比如为什么成年人觉得在吊床里摇晃很舒服；为什么海浪和下雨的声音能使我们平静；为什么我们容易在汽车和飞机上入睡；为什么哪怕 92 岁的老人在感到不安时，摇动、拥抱和嘘声就能让他平静下来。所有这些都和人类胎儿在子宫中的经历有关。

注意：如果你的宝宝非常难哄，你完全可以跳读到第 8 章，直接去看有关如何实施 5S 法的内容。如果宝宝还好，我邀请你加入我的短小旅程，从古代到 21 世纪，看一看新生儿如何感受这个世界，了解如何让哭闹的宝宝安静下来，以及如何改善他们的睡眠。通常这个过程只需要花费你几天时间。

通过研究世界各地的婴儿安抚诀窍，我发现可以总结为 5 个简单的步骤：包裹、侧卧 / 俯卧、嘘声、摇动、吮吸。我把它们称为 5S 法。

几千年来，大多数有经验的父母都会用 5S 法安抚他们的宝宝，很快，你也将成为这方面的专家！

测一测　　　　你掌握有效安抚宝宝的诀窍了吗？

1. 你觉得宝宝不停地哭闹是因为以下哪个原因？

　　A. 过早离开妈妈的子宫，不适应外界新环境

　　B. 肠胃不适，饿了、需要拍嗝，或是肠胃胀气

　　C. 缺乏安全感，想让爸爸妈妈抱着自己

　　D. 哭是婴儿唯一的语言，有任何需求都会通过哭闹表达

2. 你觉得以下哪些方法有助于激发宝宝的镇静反射，按下他的哭闹"关闭键"？

　　A. 帮宝宝拍嗝

　　B. 让宝宝侧着躺

　　C. 哺乳或给宝宝吃安抚奶嘴

　　D. 播放白噪声

3. 怎样包裹能让宝宝感觉安全、舒适？

　　A. 无须包裹，释放宝宝的双手双脚

　　B. 用轻薄的棉毯将宝宝上身包紧，髋关节和腿部留有活动空间

　　C. 用轻薄的棉毯将宝宝全身包紧

　　D. 用稍厚的棉毯将宝宝裹起来，周身留有活动空间

4. 怎样抱宝宝能让他尽快停止哭闹？

　　A. 仰面抱起宝宝，轻拍他的后背

　　B. 让宝宝趴在肩膀上，在屋里溜达

　　C. 让宝宝趴在胳膊上，来回摇动

　　D. 仰面抱起宝宝，来回摇动

5. 你觉得以下哪些工具对于安抚宝宝哭闹有效？

　　A. 襁褓

　　B. 婴儿背带和背巾

　　C. 安抚奶嘴

　　D. 白噪声

扫码下载"湛庐阅读"App，
搜索"卡普新生儿安抚法"，
获取答案。

THE
HAPPIEST
BABY
ON
THE
BLOCK

第一部分

爸妈在叫苦：
宝宝为什么哭得那么厉害

01
爸妈的福音：
安抚哭闹宝宝的新方法
THE HAPPIEST BABY ON THE BLOCK

关键点

◎ 所有的宝宝都会哭，但大多数新手爸妈对安抚宝宝没什么经验。
◎ 缺失的第四妊娠期：宝宝之所以哭，是因为他们早出生了 3 个月。
◎ 镇静反射：每个宝宝天生都有一个哭闹"关闭键"。
◎ 5S 法：模拟子宫环境的 5 个简单步骤，激发宝宝的镇静反射。
◎ 拥抱疗法：用宝宝最喜欢的 S 组合来安抚他。

苏珊娜真是要崩溃了，她 2 个月大的宝宝肖恩不停地尖声哭闹。肖恩一哭就是几个小时，连晚上也是如此，苏珊娜因此被搞得精疲力竭。一天下午，她的姐姐安吉过来帮忙。安吉一抱起肖恩，苏珊娜就冲进浴室——终于能洗个热水澡了。25 分钟后，苏珊娜醒了过来，她发现自己缩成一团躺在浴室蓝色的地板上，冰冷的水不住地喷洒在她的身上。

这一幕发生在美国加利福尼亚州，与此同时，在遥远的非洲国度博茨瓦纳，妮萨正在照料她的宝宝丘科。丘科娇嫩、瘦小，但她的哭声很少会持续很长时间。

妮萨把丘科放在皮兜里，走到哪儿背到哪儿。妮萨从来不担心丘科会哭闹，因为之前照顾过亲戚家的小孩子，所以她知道如何安抚丘科。

为什么苏珊娜就是不能让肖恩停止大哭呢？妮萨又有什么秘诀，能让丘科很快就不哭了呢？

宝宝诞生了

> 擦干后的他，身体是那样的甜美而纯洁，简直是大自然中最让人渴望亲吻的。
>
> 马里恩·哈兰（Marion Harland），
> 《护理常识》（*Common Sense in the Nursery*）

如果你现在怀孕了或刚生了宝宝，那么恭喜你！抚养宝宝是一种美妙的体验，过程中充满惊奇，它会让人欢笑、哭泣、目瞪口呆……有时你甚至能同时拥有上述所有体验。这是个不可思议且意义深远的人生事件，会让赌徒放弃赌博，让瘾君子停止吸毒，让飙车族放弃爱车。

分娩之后，在接下来的几个月里，你的首要任务是喂养好宝宝，并在他哭的时候安抚他。作为一名拥有 30 年经验的儿科医生，我可以很负责任地告诉你，能够顺利完成这些任务的父母会感到既骄傲又自信；相反，任务完成得很艰难的父母会感到心烦意乱，觉得自己做不好爸爸妈妈。

幸好，喂养宝宝一般来说都很容易。大多数新生儿天生就会吮吸，他们吃奶的时候开心得就像在五星级餐馆里就餐。如果你在喂养宝宝方面遇到了困难，可以寻求帮助的对象有很多，但是安抚哭泣的宝宝却出人意料地难。

　　没有哪对夫妻会预想自己的宝宝"很难搞"。朋友可能跟你分享过宝宝如何哭闹不止的故事，但你还是会想象自己的孩子很可爱，不会大哭大闹。所以，当无论做什么，宝宝都哭个不停时，爸爸妈妈们通常会很难接受。

　　我并不是说宝宝哭闹是坏事。事实上，它简直是一种天分。哭闹是大自然为无助的婴儿配备的强大武器，哪怕在寒冷的夜晚，它也会让疲惫不堪的妈妈一下子就从温暖的床上跳起来，赶紧去满足小家伙的需求。

　　一旦宝宝成功获得了你的关注，你就会快速寻找他哭闹的原因并提供解决方法：

　　　◎ 宝宝是不是饿了？那就喂他吃东西。

　　　◎ 宝宝是不是尿了？那就给他换尿布。

　　　◎ 宝宝是不是冷了？那就把他包裹好。

　　　◎ 宝宝是不是热了？那就给他解开襁褓。

　　　◎ 宝宝是不是感到孤单了？那就把他抱起来。

当以上这些步骤都不管用时，你的麻烦就来了。

大约有 50% 的宝宝每天会连续哭闹 2 小时以上，一旦他们哭起来，无论你做什么都没用。在美国，每年大约有 50 万新生儿诞生，其中大约有 10% ~ 15% 的宝宝每天都会小脸涨红、眼睛紧闭地哭上 3 个多小时。

这么看来，新手爸妈们简直就是英雄！

婴儿的尖声哭闹令人揪心。哭上几个小时都无法安抚好的宝宝会引发父母恐慌的自我怀疑："我的宝宝是不是哪儿疼？""他是不是讨厌我？""我是不是太惯着他了？""他是不是觉得被抛弃了？""我是个糟糕的妈妈吗？"

心烦意乱的父母经常被周围人告知，谁都拿哭闹不止、不肯睡觉的宝宝没办法。他们必须等上几个月，宝宝长大些自然就好了。然而，坐视不管，任由宝宝哭个不停对妈妈来说简直是一种折磨。

每天面对这样狂轰滥炸般的连续进攻，即使最有爱心的父母也会被逼出焦虑、抑郁情绪，甚至被逼得自杀或制造出虐待儿童的悲剧。

注意：有人告诉我，美国海豹突击队的训练项目中就有承受严重的睡眠剥夺和连续几个小时听扬声器里传出的婴儿大哭声。换言之，军队就是在用新手妈妈日常的生活来训练战士，使他们有能力应对折磨。

宝宝哭得太凶了，爸妈可以向谁求助

如今的爸爸妈妈算是有史以来受教育程度最高的一代了，但是论及照料婴儿，他们又是有史以来最没经验的一代。他们为获得驾驶证所做的准备和训练都比为带孩子所做的准备和训练多，这难道不令人震惊吗？

当然，无论你接受过怎样的养育训练，都要准备好接受各种建议的猛攻。家人、朋友甚至陌生人都会给你提出很多建议："宝宝是无聊了。""宝宝是热了。""应该给他戴个帽子。""宝宝肚子胀气了。"我觉得美国人最喜欢的消遣方式不是谈论棒球，而是不请自来地给新手妈妈提建议。

　　如果家里有个难哄的宝宝，新手爸妈当然需要建议。据统计，在美国，每6对夫妻中就会有一对因为宝宝不停地哭而去就医。虽然很多诊所会帮助父母解决喂养问题，但几乎没有什么诊所能够解决宝宝哭闹不止的问题。事实上，大多数医生除了深表同情之外，没有什么方法能提供给肠绞痛宝宝的父母。"我知道这很难，但请保持耐心，这种情况不会永远持续下去。"或者，更糟糕的建议是："把宝宝放到黑屋子里，让他使劲儿哭。他只是需要撒撒气罢了。"嘿，宝宝又不是高压锅，哪里需要撒气呀。

　　最好的婴儿专家也会承认，他们对难以安抚的宝宝几乎束手无策。

> 很多时候，你根本没办法让大哭的宝宝安静下来。
>
> 海蒂·莫考夫（Heidi Eisenberg Murkoff）等，
> 《海蒂育儿大百科 (0 ~ 1 岁)》（*What to Expect the First Year*）

> 宝宝一旦哭起来至少会持续一个小时，或许会持续三四个小时。
>
> 佩内洛普·里奇（Penelope Leach），
> 《实用育儿全书》（*Your Baby and Child*）

> 一天哭 5 个小时没什么不正常的。当婴儿的哭声开始让你感到非常灰心、生气时，就该把婴儿放到一个安全的地方，然后走开。
>
> "新生儿啼哭期"研究项目
> （Period of PURPLE Crying）

　　其实这些观点都过时了，你并不一定要放任宝宝持续哭上几个小时。更令人担心的是，对他们置之不理，让他们不停大哭，只会引发更严重的问题，比如产后抑郁症、婴儿猝死综合征，甚至严重到无法进行母乳喂养。

　　当然，如果你的耐心被宝宝的哭闹耗尽了，担心自己有可能会伤害孩子，那你一定要把他放下，去休息一会儿，或者找朋友来帮忙。非洲的妈妈可以在不到一分钟的时间里让宝宝安静下来，相信你也可以找到安抚哭闹宝宝的方法。

安抚宝宝的 4 条原则

生活在博茨瓦纳的妈妈一天 24 小时用皮兜裹着她们的宝宝，一边走一边上下晃动。她们一天一夜总共给宝宝喂 50 ~ 100 次奶，这也会让宝宝变得平静。你可能不准备采取博茨瓦纳妈妈的养育方式，但从中可以学到的秘诀是：肠绞痛并非不可避免。宝宝哭闹只是当代文明意外产生的副作用罢了。不过，好消息是，只要运用正确的方法，所有的妈妈可以在不到几分钟的时间里让大多数哭闹不止的宝宝安静下来。

通过梳理历史文化的智慧碎片，将它们与现代社会的研究编织在一起，我发现了安抚宝宝、改善宝宝睡眠质量的关键，可以用以下 4 条原则来解释：

1. 缺失的第四妊娠期；
2. 镇静反射；
3. 5S 法；
4. 拥抱疗法。

缺失的第四妊娠期：提早 3 个月出生的宝宝

小牛、小骆驼、小马在出生的第一天就能走，甚至能跑。实际上，它们必须一生下来就能跑，否则容易会被捕食者吃掉。

相比起来，人类的新生儿发育得非常不成熟。他们不能跑、不能走，没有成年人的帮忙甚至都不会打嗝。英国的一位妈妈说，她的宝宝似乎还没为来到这个世界做好准备，她亲昵地称宝宝为"小东西"。不只有这位妈妈这样看待婴儿，西班牙人有时称新生儿为"criaturas"，意思就是"生物"。

我发现，如果我们把新生儿看成软绵绵的胎儿就容易接受多了。想象一下：你的分娩推迟了 3 个月，宝宝一出生就会微笑，就会咿咿呀呀地说话，就会和你眉目传情。有谁不希望自己人生的第一天是这样快乐的呢？当然，没有哪个女人能推迟 3 个月再分娩。怀孕 9 个月时，宝宝的脑袋就已经很难娩出了，真到 12 个月时再分娩是完全不可能的。

因此，"为什么我们的宝宝出生时那么不成熟"这个问题的答案很简单：与小马的生存取决于是否拥有强壮的身体不同，宝宝的生存取决于是否拥有一颗又大又聪明的脑袋。事实上，胎儿的头太大了，以至于还没完全发育成熟就不得不出生了，否则，胎儿的头在经过产道时会被卡住，那会害死妈妈和宝宝的。

我们知道，几千年来父母们凭直觉就认识到了这一点。这就是为什么几乎所有传统的安抚宝宝的方法，从用襁褓包裹，到来回摇摆，再到嘘声，都会让宝宝回归到出生前有节奏、被搂抱着的环境中。

第四妊娠期对随和的宝宝来说是令人愉快的安慰，但对难以取悦的宝宝来说则是必需的。不过，令人吃惊的是，摇动和嘘声之所以有效，并不是因为它们让宝宝有"回家"的感觉。模拟子宫其实是通过激发镇静反射来发挥作用的，而镇静反射其实是婴儿大脑深处古老的神经反应。

镇静反射：天然的宝宝哭闹"关闭键"

几千年来，有经验的妈妈、祖母、外祖母本能地会用摇动和嘘声来安抚宝宝。但是在 20 世纪 90 年代中期之前，人们完全忽视了这些安抚方法之所以有效是因为能够激发婴儿的镇静反射。我在工作中帮助了成百上千名哭闹的婴儿后，才无意中发现了这个奥秘。

我注意到，常见的安抚方法根本没有用，除非你做得完全正确。就像医生用木槌敲击膝盖引发膝跳反射一样，激发婴儿的镇静反射也需要特定的行为步骤。如果做得准确，类子宫环境给宝宝的感觉便会激发镇静反射，使哭闹的婴儿平静下来。

这个哭闹"关闭键"可谓是婴儿和爸妈的福音。然而，大自然并不是为了安抚婴儿而创造出这种堪称完美的反射的。人类能够演化出镇静反射的原因非常令人吃惊：竟然是为了安抚难以取悦的胎儿。

试想一下，在女性怀孕早期，胎儿就像奥林匹克体操运动员一样在妈妈的肚子里不停翻滚。但在孕后期的两个月里，子宫的空间越来越小，翻滚的动作就会变得太过危险。蠕动的胎儿有可能成为横位或臀位。在整个人类演化的历史中，臀位出生的胎儿经常会卡在产道里。这很可怕，会要了胎儿和妈妈的命。比如，我妻子的祖母就因此难产而死。

但是经过数千年演化，胎儿习得了一种新能力，那就是在妊娠期的最后几个月，他们会被子宫内有节奏的声音和律动催眠。这会让这些"修禅"的胎儿静息，保持比较安全的头位，等待着出生。或许正是因为这种古老的镇静反射，人类才得以生生不息。

5S 法：激发婴儿镇静反射的 5 个步骤

我们人类没有袋鼠的育儿袋，没有条件让不成熟的新生儿跳进去，但是我们能用手臂、襁褓和背带包住宝宝，让他们感觉好像又回到了妊娠期最后几个月的子宫里。

为了给宝宝一个类似子宫环境的第四妊娠期，我们需要了解一些细节：胎儿在子宫里究竟是什么样的？

在母亲的身体里，胎儿被包裹着，保持着正确的胎位，温暖、柔软的子宫壁拥抱着它，随着母亲的身体有规律地晃动着。不过令人吃惊的是，它们在子宫内还会被持续不断且响亮的嘘声包围着，那声音比吸尘器的声音还要大。

这就可以解释为什么吹风机的声音、乘车时的晃动及白噪声能安抚宝宝了，也解释了为什么大多数传统的方法能够安抚宝宝，因为这5个步骤正好模拟了子宫给胎儿的感觉：

1. 襁褓：温暖、舒适的包裹；

2. 侧卧／俯卧：必须有成人在宝宝身边看护，否则绝对不能以这样的姿势睡觉；

3. 嘘声：响亮的白噪声；

4. 摇动：轻微、有节奏的来回摇摆；

5. 吮吸：吮吸乳头、干净的手指或安抚奶嘴。

这些步骤听起来不是很新颖，但具有创造性的是，如果做得完全正确，这些步骤即5S法通常能在几分钟之内让哭闹的宝宝安静下来；但如果不按正确的顺序做，它们就完全没用，甚至会让宝宝哭得更凶。第8章到第12章详细描述了每个S法的正确做法。

拥抱疗法：找到最适合你家宝宝的S法组合

如果每个单独的S法并不足以安抚你的宝宝，那你就可以把5个S法看成烘焙蛋糕的5个要素。做蛋糕只知道食谱中的原料是远远不够的，还必须知道每种原料使用多少、如何给烤盘刷油、如何给烤炉预热，以及要烘焙多久。如果只知道原料却不知道如何制作，那最后很可能会做出一堆黏糊糊的东西，而不是完美的蛋糕。

与之类似，只有正确地实施每一个S法，且同时实施5S法的最后3步时，难以取悦的宝宝才会平静下来。在我帮助过的妈妈中，有一位妈妈把这几个S称为"拥抱疗法"。

安抚宝宝的第一步通常是用襁褓包裹。如果安抚宝宝是一块分层蛋糕，那么包裹是第一层。它可以避免宝宝乱动，避免他们把自己搞得更不安。

注意：包裹本身常常不能安抚哭闹的婴儿，但它会让婴儿准备好关注你添加的"下一层蛋糕"，接下来的动作将激发镇静反射。

接下来是侧卧／俯卧。当你把宝宝放下时，仰卧是唯一安全的姿势，但它通常会加重哭闹，因为它让宝宝觉得没有安全感。侧卧或俯卧会带来安全感，而且对很多宝宝来说，它对激发镇静反射超级有效。

注意： 有时吮吸本身就能让大哭的宝宝停止哭泣。但是，如果吮吸不起作用，那么就从用襁褓包裹开始，按步骤一步一步地来。

接下来的两层分别是嘘声和摇动，它们都是镇静反射的有力激发因素，会让宝宝放松下来，逃出哭闹的循环，注意到被搂抱和喂奶时的美好感觉。

最后，但并非最不重要的就是吮吸了，它就像蛋糕上的糖霜，能够真正激发镇静反射，给予宝宝深深的平和感。

每个婴儿都是独特的，有他自己的偏好。经过一些练习，你很快就会发现自己的宝宝最喜欢的 5S 组合和力度。

强大的拥抱疗法：肖恩的故事

这 5 个步骤的 S 组合对最难搞的宝宝也会有帮助，比如肖恩。

还记得前言提到过的肖恩吗？他的哭闹把妈妈搞得精疲力竭，累得在洗澡时睡着了。

苏珊娜之前预想照顾宝宝会像在崎岖不平的道路上开车，但没想到的是，这种经历其实更像跳下悬崖！

在下文中，苏珊娜讲述了最初照顾肖恩的经历。

在成长过程中，妈妈告诉我，当我是个小宝宝时，肠绞痛很严重。肖恩出生后不久，我知道偿还的时候到了。肖恩是个黑色头发的漂亮男孩，他早出生了一周，就像飞驰出栏的赛马。

从出生后的第二周开始，肖恩每天哭闹几个小时，根本无法控制。看着他痛苦地扭动着，我觉得自己很失败，怎么哄都不管用，我经常抱着他一起哭。

同样令人崩溃的是我心中的担忧，我担心肖恩的大哭源自出生时受了伤，因为当初生他时不是很顺利。我用力生了两个小时后，产科医生用真空助产器把他猛地拉了出来。我对肖恩的最初记忆是：他可怜的小脑袋像一根青筋暴起的黑香蕉。

在最初几周里，儿科医生告诉我和丈夫，肖恩之所以大哭不止，是因为他需要"消耗多余的精力"。医生警告我们说，太快给予回应会宠坏肖恩，可以让他哭得更多。这听起来很符合逻辑，但是置之不理只会让他哭得更凶，也使我们痛苦万分。

我和丈夫四处寻求建议。一天又一天，我们尝试着用新方法安抚他：用襁褓包裹，失败；安抚奶嘴，没用；改变我的饮食，失败；来回摇摆，就像对着万米高空的飞机招手，还是不行。我们甚至尝试模拟汽车的噪声和振动声，但那也失败了。

我们精疲力竭，灰心丧气地回去找医生。他充满同情地反复说，我们别无选择，只能忍受肖恩的尖叫，直到他过了这个阶段。那天下午，我和丈夫都认为，我们无法忍受就这样等着。

一筹莫展之中，我们带着6周大的肖恩去见了另一位儿科医生。他问了我们很多问题，当他确信肖恩的哭闹不是严重疾病导致的后，便把5S法教给了我们。

医生说，大多数婴儿的哭闹是因为他们还没准备好出生。他们需要在子宫那种受保护的环境中再度过3个月。

老实说，我心里觉得这种方法太简单了，不会有效。毕竟我试过包裹、摇动、白噪声，最后都一败涂地，就像一只瞬间被拍死的苍蝇。但是看了他的演示后，我意识到我之前做错了。

我和丈夫决定重新再试一试这些方法。听起来令人难以置信的是，那天下午之后，肖恩再也没有不管不顾地大哭过。

我们欣喜若狂，终于找到了安慰肖恩的方法。从那天起，每当肖恩要开始失控地哭闹时，我们就会实施5S法的所有步骤，他的小身体几乎会立即放松下来，融化在我们的怀抱里。

有些爸爸妈妈对使用5S法心存疑虑，因为他们听说用襁褓包裹对喂奶不利，嘘声对听力不好，一哭就回应会养成宝宝的坏习惯。幸亏这些担忧并无事实根据。动作、声音和温暖、舒适的搂抱可以帮助他们准备应对醒着时所面对的世界，这可是个由色彩、面孔、声音和气味组成的一片混乱的世界。

注意： 当有人冲你大吼大叫的时候，你很难学进去新东西。所以宝宝平静的时候最适合练习5S法。正如书中所描述的，爸爸妈妈们通常在5 ~ 10分钟内就能掌握这种方法。

到4个月大时，你的宝宝会变得更善于自我安抚，他们会通过咿咿呀呀声、运动身体、吮吸手指来安抚自己。我会在后文更多地探讨自我安抚这个主题。

在21世纪养育哭闹的宝宝

我希望你对学习这些步骤充满热情。我希望这些知识能在父母之间分享、传播，直到有一天，我们只能在字典里找到"肠绞痛"这个词。

当你看完这本书时，我希望你对5S法充满信心。我相信它会帮助你减少婴儿的很多哭闹，增加他们的睡眠时间。

第一部分后续的内容会详细探讨以下问题。

◎ 婴儿为什么哭？

◎ 什么是肠绞痛？如何判断你的宝宝是否有肠绞痛？

◎ 为什么胀气引起的不适、早产、婴儿的坏脾气和妈妈的焦虑都不是引发肠绞痛的真正原因？

◎ 肠绞痛的真正原因是什么？

本书第二部分将解释以下问题。

◎ 如何做好 5S 法的每一步？

◎ 如何把不同的 S 结合起来，最快取得最好的效果？

◎ 安抚宝宝的其他建议。

◎ 改善宝宝睡眠的窍门。

◎ 引起肠绞痛的少数疾病。

既然你有幸体验了人生中最奇妙的经历之一："分娩"，那么系好安全带，开始享受你的为人父母之旅吧！当宝宝哭泣时，你可以把它看成精进你新技能的机会，学着把难以取悦的宝宝变成最快乐的宝宝。

注意：如果你的宝宝非常难哄，需要马上学习 5S 法，那么你完全可以直接跳到第 8 章阅读。

02
号啕大哭：
婴儿最古老的求生工具

THE HAPPIEST BABY ON THE BLOCK

关键点

◎ 哭泣反射：婴儿用来吸引关注的最佳工具。
◎ 哭泣会让父母立即做出反应，因此它很有效。
◎ 啜泣、哭、尖叫：婴儿的语言。

> 婴儿之所以哭泣，是在呼唤你去让他们停下。
>
> 彼得·奥斯特瓦尔德（Peter Ostwald），
> 《制造声音》（*Soundmaking*）

出生时，新生儿有力的啼哭会让大家很高兴，因为这说明他很健康。

感恩你有一个会哭的宝宝吧！由于获取父母的关注非常重要，所以婴儿在出生那一刻起就具有了哭的能力。在生命最初的几个月里，哭泣能帮助新生儿获得他所需的一切，尽管他一点儿都不知道如何提出要求。事实上，如果他不能通过哭来召唤你，那他时刻都会面临危险。

哭泣反射：吸引妈妈关注的天然妙计

所有幼小的动物都需要获得妈妈的关注，但很少有动物能通过尖叫来获得。响亮的声音对小狗或小兔子来说是致命的，因为这会把它们的位置暴露给饥饿的捕食者。这就是为什么遇到困难的小猫只会温顺地"喵喵"叫，小猴子只会发出轻微的"哔哔"声，幼小的大猩猩只会呜咽。

相反，人类的新生儿很久之前就放弃了动物们这种安静的召唤声。几千年来，随着婴儿的头变得越来越大，妈妈不得不早早地把他生出来，才不会让他的头卡在产道里。这些早早出生的婴儿有一些死掉了，因为他们的哭声太微弱，不能引起在山洞外做饭的妈妈的注意。但是有些婴儿天生有个大嗓门，能给妈妈打个紧急的"长途电话"。

知识点
The Happiest
Baby on the Block

为什么宝宝天生就有哭泣反射，而没有欢笑反射

如果婴儿生来就能咯咯笑，那不是很有趣吗？有两个原因可以解释为什么婴儿生下来就会哭得山崩地裂，但需要几个月才会真正地咯咯笑。

第一，哭比笑容易，需要的肌肉协调较少。哭是伴随呼气发出的一个长音，而笑是一次呼吸中发出的一连串短促的声音，就像串在一起的珍珠。

第二，虽然笑是和爸爸妈妈调情的好方法，但哭对生存至关重要。所以，连早产儿也生来就具有哭泣反射。

在远古时期，这种吵闹的急性子宝宝可能会引来捕食者，但他们的爸爸妈妈有火和工具，能够击退捕食者，所以吵闹可能不是一个很大的威胁。另外，这种惊心动魄的大哭会让妈妈和其他照料者立即冲过来。

　　我们不知道人类的婴儿从什么时候发展出了这种大哭的本领，但显然如今我们每个人都是善于"引起骚动"的婴儿的后代，因为只有这样的婴儿才能存活下来。新生儿的哭声太强大了，它能让你从暖和的床上惊醒，或把你从马桶上拽起来，让你即使裤子掉在脚脖子上，拖着也得从洗手间赶过去。这种本领最起码对宝宝来说不是坏事。

　　然而，千万不要认为这种哭泣是对你的操纵，也不要把它看作婴儿有意识地要求你过去。在最初的几个月里，婴儿的哭泣是本能，不是故意的行为。一个月大的婴儿根本不知道他是在向你传递信息。他的哭泣更像是自言自语地抱怨，"天啊，我饿了"或"哎呀，我冷"。但是由于你碰巧就在他旁边，因此偷听到了他的自言自语。

　　在出生的头几个月里，婴儿逐渐意识到哭声会让妈妈赶紧跑过来照顾自己。到 4 个月大时，婴儿开始拥有初级的语言表，会用各种独特的声音和尖叫来表达特定的需求。大约 9 个月大时，为了让你过去陪他玩，婴儿甚至会发出"假的"尖叫声。

你并不需要担心回应宝宝的哭声会让他养成坏习惯。大约 9 个月后，根据环境做出反应才变得重要起来，而在最初几个月里，你有更重要的任务：建立宝宝对你的信任。每当他哭泣时，可预测的、始终如一的亲切回应可以培养宝宝对你的信任，这有助于他感到被爱，知道自己是值得爱的。心理学家把这种生命的基础之爱称为安全型依恋关系。

婴儿的哭声让我们难受

> 卡洛琳还在哭，玛莎产生了不同寻常的反应，她的神经被颤动了，就好像无数看不见的纤维把她的肌肉和孩子连在了一起。
>
> 多丽丝·莱辛（Doris Lessing），
> 《良缘》（A Proper Marriage）

婴儿有很多天生的自动反射，成年人也是。若干年前，研究者证明婴儿心形的小脸、上翘的小鼻子、大大的眼睛会让我们对他们微笑，亲吻他们，长时间地抱着他们。

我们还强烈地想要回应婴儿的哭声。哭声使我们的神经系统一下子进入"红色警报"状态：心跳加快，血压升高，手心出汗，胃像拳头那样收紧。

婴儿的哭声让我们想去帮助他，他的行为也会起到这样的作用。他的小拳头在空中乱挥，痛苦的小脸像箭一样刺穿了我们的心。正因为这种强烈的生理冲动，所以我们很难狠心地等在婴儿护理室外，让宝宝自己哭着入睡。

好消息是，小婴儿还不懂操纵，更不会粗鲁

注意：任何坐飞机时遇到过哭闹宝宝的人都知道，爸爸妈妈不是唯一忍受不了婴儿哭声的人。其他成年人、儿童甚至动物都会感觉到婴儿的哭声非常令人心烦意乱，几乎无法忽视。网上有一些很受欢迎的视频，视频中的狗狗会站在哭泣的婴儿旁轻声吠叫，试图安抚婴儿。

地指责和批评别人。记住，若没人帮忙，他们甚至不会打嗝。然而，当婴儿不停地尖声哭闹时，你很容易认为这是针对你的，是在批评你。婴儿的啜泣会让你感到无助、焦虑，甚至让你想要逃走。这些哭声可能会勾起你的一些不愉快的回忆，比如过去的创伤、失败、耻辱等。爸爸妈妈如果同时承受着其他压力，比如疲劳、孤独、婚姻不和、经济压力等，就尤其容易被婴儿的哭声压垮。如果真的如此，你可以使用书后的实用建议，它们能让你在艰难的日子里保持头脑清醒。

婴儿哭泣的 3 种声音

> 小宝宝最早对我们说的话不是"妈妈"或"爸爸"，他的话听起来更像……嗯，烟雾警报！他突然爆发出了哭声。这很吓人，因为我们完全不知道他想告诉我们什么。
>
> 马蒂和黛比，
> 2 周大宝宝的父母

带着新生儿从医院回到家后，爸爸妈妈会万分小心，宝宝的每次大哭都像是紧急警报。那么该如何判断宝宝需要什么呢？1 周大的宝宝在表达"我冷"和"我饿"时，哭声会不一样吗？

有些专家称，他们能从婴儿的哭声来判断他们的需要。当婴儿几个月大时，这可能是真的，但一些研究显示，在刚出生的一段时间里几乎不可能从哭声来分辨婴儿的需求。

在美国康涅狄格大学的一项研究中，妈妈们会听到两个婴儿哭号的录音，一个婴儿是饥饿的满月宝宝，另一个婴儿是刚做了包皮手术的新生儿。研究者问这些妈妈，婴儿是饿了、困了、感到疼痛、生气了、受惊了，还是尿湿了？只有 25% 的妈妈能分辨出饥饿宝宝的哭声，另有 40%

的妈妈认为宝宝哭是因为太累了；几乎 50% 的妈妈都分辨出了婴儿在包皮手术后由疼痛引起的痛哭，但 33% 的妈妈认为这个婴儿是受了惊或者很生气。

有经验的照顾者是否更擅长解读婴儿的哭声呢？芬兰的研究者让 80 名富有经验的保育员听婴儿哭泣的录音。研究者问他们，婴儿是因为饥饿还是疼痛而大哭，是出生后的哭声，还是快乐的咯咯声。令人吃惊的是，这些专业人员辨认对的概率也只有 50%，这比碰运气好不了多少。

到 3 个月大时，婴儿会有多种表达方式，从咕哝声到大哭不一而足。然而，在最初的几个月里，他小小的脑袋还没有空间容纳全部本领。他主要会发出 3 种简单的声音：呜咽、哭泣、尖叫。

1. 呜咽。这种温和的抱怨声更像是请求，而不是埋怨。这声音就像邻居打来电话，找你借点白糖。有人认为可以区分婴儿不同原因，如饥饿、孤独等的呜咽，但这还有待证明。

2. 哭泣。这是一种响亮的、短而尖的声音，是在召唤你的注意。听起来就像厨房里的定时器响了。

3. 尖叫。饥饿、寒冷等任何原因引起的婴儿哭泣，如果没得到处理，都有可能升级为尖叫。这种声音听起来就像烟雾警报一样刺耳，令人心烦意乱。

大多数人会猜测，婴儿的呜咽代表轻微的不快；哭泣代表比较大的苦恼，比如非常饥渴、非常冷等；尖叫则说明出了紧急问题，比如身体疼痛。我们的猜测可能是对的，但这只适用于比较随和的婴儿。

天生易激惹或很敏感的宝宝往往缺乏自我控制，根本没有耐心区别表达，就像一个小火箭，他们会跳过前两种声音，直接开始刺耳的尖叫。就像烟雾警报一样，你没法仅凭声音来判断问题严重与否，判断到底是着火了，还是面包烤煳了。婴儿的尖叫声会把他们自己也搞得很生气，像滚雪球一样让他们越哭越响。

常见的一种误解是：哭是婴儿唯一的表达方式。但其实，新生儿还会用各种姿势来表达他们的需求，例如以下这些。

◎ 宝宝会张开嘴，把小手放到嘴唇上。这是饥饿的早期征兆。

◎ 宝宝会揉眼睛，打哈欠，眨眼，或者目光呆滞。这通常说明他累了。

◎ 宝宝会有意把眼睛转向别处，不看你，或者连续打嗝。这可能意味着刺激过度了。

◎ 他们会小脸扭曲地发出咕哝声，用力向下使劲儿。这可能说明他要拉便便，或者他觉得粪便在他的肠道里通过有点儿不舒服。

幸好，哪怕婴儿发出最可怕的尖叫也很少表示有什么真正的危险。他们只是想表达一些不太强烈的愿望和不耐烦的情绪。当婴儿得到了他们需要的东西后，就会安静下来。

有一种特殊情况，如果你喂了奶、换了尿布，或将宝宝抱了起来，他还是不停地哭号，那怎么办？如果你尝试了各种方法，可怜的小家伙就是哭闹个不停，那怎么办？这时医生会开始猜测你的宝宝有肠绞痛。

03
可怕的肠绞痛：
全家人的一场"哭难"

THE HAPPIEST BABY ON THE BLOCK

关键点

◎ 发生肠绞痛意味着婴儿一天会哭上几个小时。

◎ 肠绞痛有 5 大流行理论，从胀气到胃酸反流，再到父母的焦虑。

◎ 肠绞痛的迹象：肠绞痛的 10 个普遍特征。

> 婴儿的哭声是我们听到过的最令人不安、最难懂、最撕心裂肺的噪声。
> 婴儿的哭声中没有未来，没有过去，只有现在。没有谈判的可能，也
> 没有道理可讲。
>
> 谢莉娅·基青格（Shelia Kitzinger），
> 《啼哭的宝宝》（*The Crying Baby*）

哇哇……哇哇……哇哇哇哇！！

"infant"（婴儿）这个词源自拉丁文，意思是"没有声音"。但肠绞痛的婴儿应该被称为"巨响宝宝"或"咆哮宝宝"，因为他们的哭声非常响亮。

令人惊讶的是，小小的婴儿比成年人尖叫的声音更响，持续的时间更长。如果你这样扯着脖子喊 5 分钟，就会累瘫了，但你那不屈不挠的"小可爱"能大哭一个多小时，耐力堪比职业拳击手。

在柏拉图生活的时代，父母们认为是胃痉挛引起了婴儿的啼哭。然而，在第 4 章你就会看到，大多数胀气或肚子里叽里咕噜响的婴儿从来不大哭大叫。

如何判断宝宝是否有肠绞痛

著名儿科医生贝里·布雷泽尔顿（T. Berry Brazelton）让 82 位新生儿妈妈记录宝宝坏脾气时候的情况，连续记录 3 个月。布雷泽尔顿发现，4 周大的婴儿，有 50% 会在一天里哭上 2 个多小时。当他们 6 周大时，25% 的婴儿一天中闹脾气或哭哭啼啼的时间会超过 3 个小时。如图 3-1 所示。一项针对 2 700 名新生儿进行的研究报告显示，大约在 2 个月大时，婴儿平均每天哭闹、发脾气的时间为 2.5 个小时，其中 10% ~ 20% 的婴儿一天中会大声哭闹 3 个多小时。幸好到 3 个月大时，就很少有婴儿每天会哭闹一个小时以上了。这就可以解释为什么医生经常把婴儿持续哭闹这个问题称为 3 个月肠绞痛期。

怎么分辨宝宝的哭闹是正常的，还是因为肠绞痛呢？

康涅狄格大学的一位医生莫瑞斯·维塞尔（Morris Wessel）对这个问题进行了研究，他给肠绞痛下了一个精确的定义，即"三三法则"。维塞尔说，如果婴儿一天哭闹至少 3 个小时，一周哭闹 3 天，持续 3 周，那么就可以判断婴儿患有肠绞痛。

如今的育儿书还会提到三三法则，但老实说，这完全没有帮助。与哭 3 个小时的宝宝比，哭 2 个小时的宝宝就不难过吗？或者他们的爸爸妈妈会少心烦意乱一些吗？所以近年来，三三法则已经被丢进了垃圾箱。医生已经不再用"肠绞痛"这个词来描述哭闹时间很长的婴儿了，而改说"婴儿的哭泣持久或无法安慰"。

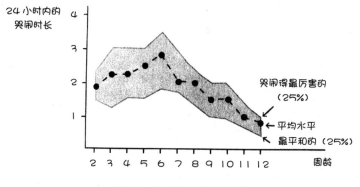

图 3-1　婴儿哭闹总时长统计图

有个不好的消息是，目前还没有办法预测哪个宝宝会出现肠绞痛。宝宝哭得凶不凶和性别，早产，奶粉，出生顺序，父母的年龄、收入或教育程度都不存在相关性。对婴儿来说，肠绞痛真是机会平等的噩梦。

发生肠绞痛的真正原因

90% 的父母认为肠绞痛的婴儿会感到疼痛。乍看起来这是很合理的猜测，因为婴儿大多会这样：

◎ 经常扭动，发出哼唧声；

◎ 突然开始尖声号哭，又突然结束；

◎ 尖锐的哭声很像打针时声嘶力竭的哭喊。

雪莉带着查理来医院咨询时，她觉得查理可能哪个地方一直很痛。查理每天尖声哭号，雪莉相信他一定感到很不舒服，尽管他从各方面来看都很健壮。我问雪莉为什么这么确定宝宝很痛，她不好意思地承认，有一次她的手机意外打到了宝宝的头。雪莉说："平日的下午，他哭号得就像那次被手机砸到头后一样惨。我想，这证明他身体一定有某个地方很痛。"

雪莉的分析听起来挺有道理。但是查理真的觉得疼吗？雪莉是否理解有误？

几个世纪以来，困惑的父母们就试图搞明白他们的宝宝为什么会突然大哭起来。大家提出了一些奇奇怪怪的想法。

我们的祖先如何解释肠绞痛

> 结婚前，我有 6 条养育子女的理论，现在我有 6 个孩子，却没有理论了。
>
> 约翰·威尔莫特（John Wilmot），
> 罗切斯特伯爵二世

解读石器时代婴儿哭泣的理由，可能是人类历史上第一道多选题！洞穴宝宝可能因为以下哪些原因哭泣呢？

◎ 他饿了。

◎ 他冷了。

◎ 他需要新的尿布。

◎ 巫师对他施了魔咒。

就在 100 年前，人们依然相信水蛭能治病，以及婴儿生下来时什么都看不见。因此你可以想象，关于婴儿为什么会哭很长时间，有一些不着边际的推测，而且这些推测已经流传了几个世纪。

古代有关肠绞痛有以下 5 大推测。

1. 仇恨妈妈的人赋予了婴儿邪恶之眼。
2. 婴儿被魔鬼附身了。
3. 白天成年人交谈，晚上轮到婴儿了。
4. 婴儿啼哭是在惩罚亚当和夏娃的原罪。
5. 母乳有问题，太稀或者太稠了，婴儿哭是在表达对妈妈的愤怒。

就连莎士比亚也信口开河，他在《李尔王》中写道："一出生，我们便哭，因为我们来到一群傻子的舞台上。"婴儿是很了不起，但恐怕这位诗人给予他们的赞美言过其实了。

"消耗过剩精力" 的荒诞说法

> 哭对肺有益，就像流血对血管有益一样。
>
> 　　　　　　　　　　　　　　李·索尔克（Lee Salk）

在现代，父母和科学家对于为什么有些婴儿会尖声哭闹也有了一些推测。有些人甚至认为婴儿发脾气是好事。他们说，过度兴奋的婴儿可以通过"消耗过剩的精力"来放松。还有些人推测，在史前时期，哭得越响亮的婴儿越有可能存活下来，因为和被动的兄弟姐妹们相比，妈妈会更多地给那些哭得响亮的婴儿喂奶。

然而，这些观点都站不住脚，因为以下这些原因。

◎ 肠绞痛的婴儿在史前存活的可能性较小。他们的尖声哭闹会把捕食者或敌人吸引到他们的藏身地，甚至会激怒他们的爸爸妈妈，一怒之下抛弃他们或杀死他们。

◎ 哭号的婴儿最终确实会因为哭得累了而消停下来，但他们不是需要"放气"的小高压锅。让婴儿"哭个够"毫无道理，就像任由你的汽车报警器狂叫，而你耐心地等着电池耗尽一样。

◎ 虽然白天的混乱确实会让有些宝宝难以招架，但正常的婴儿都不会一天哭 5 个多小时。

◎ 乘坐汽车、听具有安抚性的声音、摇动、吮吸都会让闹脾气的宝宝安静下来，这说明他们需要帮助，而不是置之不理。

注意： 如果你感到沮丧和愤怒，请一定先把宝宝放下来，绝对不要用力摇晃婴儿。我会在后文解释安全的来回摇摆和摇晃婴儿综合征的猛摇之间的差异。

让宝宝哭到精疲力竭有违爸爸妈妈的本能，并且这会让婴儿变得很生气。如果某一天宝宝很容易安抚，另一天则无论怎么哄都不管用，那你会变得很气恼。与之类似，如果他早上哭闹时能得到温热的奶，而晚上哭闹时则完全被漠视，那宝宝也会变得很气恼。

事实上，对宝宝做出可预测的、有爱的回应，是建立宝宝信心的关键。快速满足宝宝要抱或要进食的需求，一天几十次，能够加强他对你的信任。回应不一致会给宝宝带来不安全感。

你可能会问："让宝宝大哭大叫可以吗？"

在最初几个月，请尽可能安抚宝宝。如果你 2 岁大的孩子尖叫着，非要拿剪刀，不顾你设置的规则，那么你应该承认他是故意的，然后你不得不让他哭，由此让他懂得当你说"不行"时，你是认真的。宝宝 2 岁大时，你也不必担心因为洗澡而让他哭了 10 分钟。你一整天给予宝宝的大量的爱和搂抱完全可以抵消他偶尔的、短暂的沮丧。不过现在，教 2 个月大的宝宝守纪律太早了。

有关肠绞痛的 5 种现代理论和 10 个基本特征

大多数医生和育儿书都认为婴儿不可安慰的大哭主要有以下 5 个可能的原因。

1. **肠胃的小问题**：消化系统不适，比如胀气、便秘或痉挛。
2. **肠胃的大问题**：肠胃疼痛，比如食物敏感或过敏、过多的"坏"细菌、胃酸反流。
3. **母亲的焦虑**：婴儿感觉到了妈妈的恐惧和担忧，因此大哭。
4. **大脑不成熟**：神经系统特别不成熟的婴儿会因为过度刺激而哭闹。
5. **性格**：性格易激惹或性格敏感的婴儿会对很小的烦恼产生过度反应。

上述 5 个原因是否能解答这个古老的谜题呢？就像福尔摩斯一样，为了找到答案，我们需要追踪线索。关于肠绞痛，这里有 10 条线索。肠绞痛的真正原因一定可以解释它的以下 10 个基本特征。

1. 肠绞痛大约从婴儿出生后 2 周开始，8 周时最严重，大约 3 个月时结束。
2. 早产儿出现肠绞痛的概率和足月儿一样，但一定会到日子才开始。
3. 肠绞痛引起的啼哭来去都很突然，声音听起来像婴儿感到了疼痛。
4. 哼唧和尖声哭闹常常发生在喂奶期间或刚喂完奶之后。

5. 母乳喂养的宝宝和吃奶粉的宝宝出现肠绞痛的概率差不多。

6. 肠绞痛在傍晚时会加重：所谓的怪事总发生在晚上。

7. 肠绞痛有可能发生在你的第 5 个孩子身上，也有可能发生在你的第 1 个孩子身上，与父母是否有经验无关。

8. 来回摇摆、搂抱和巨大的白噪声经常能让肠绞痛宝宝的哭闹暂时停下来。

9. 在不哭闹的时候，肠绞痛宝宝是健康、快乐的。

10. 在有些文化中，肠绞痛很罕见，或者根本不存在。

现在，让我们看一看肠绞痛的 5 种现代理论是否符合这 10 个基本特征，是否能解开肠绞痛这个古老的谜题。

5 种盛行的肠绞痛理论：
为什么它们都是错的
THE HAPPIEST BABY ON THE BLOCK

关键点

◎ 胀气、便秘或肠胃痉挛等小问题会引起肠绞痛吗？

◎ 食物过敏、"坏"细菌、乳糖不耐受或胃酸反流等大问题会引
  起肠绞痛吗？

◎ 母亲的焦虑会引起婴儿的肠绞痛吗？

◎ 婴儿大脑的不成熟会引起肠绞痛吗？

◎ 具有挑战性的气质会让婴儿长时间啼哭吗？

理论 1：肠胃的小问题会引起肠绞痛

所有婴儿都会有胀气问题。我确信你看到过自己宝宝有这类精彩的表
演：肚子发出咕噜声，然后就是打嗝、放屁。几千年来，爸爸妈妈们凭强
烈的直觉认定，宝宝哭闹意味着他肠胃不舒服。父母相信是肠胃痉挛、胀
气、便秘引起了肠绞痛，他们有两大同盟：女性长辈和医生。

胀气还是肠胃内空气过多

几乎全世界有经验的育儿人士一致建议父母给爱哭闹的宝宝拍嗝、做肚子按摩、喂舒缓胃部的茶。他们还建议哺乳的妈妈们不要吃容易产生气体的食物。医生也让妈妈们改变饮食结构，或者改变婴儿食用的配方奶粉；为了减少宝宝肠胃胀气，还可以给他服用排气滴剂。

但是恕我直言，哭闹的宝宝并不比安静的宝宝肠胃胀气得更厉害。1954年，英国一流的儿科医生罗纳德·伊林沃思（Ronald Illingworth）给健康的婴儿和肠绞痛婴儿分别拍了X光片。他发现婴儿们吞到胃里的气体量并没有差别。而且，对排气滴剂的研究显示，对于减少婴儿哭闹，它们并不比白开水更有效。

关于打嗝的最好建议

婴儿不是因为吞了空气而啼哭的。在吃奶时，他们会大口吸入空气，这会导致吐奶。以下建议有助于你的宝宝减少吞入空气，更好地打嗝。

◎ 让宝宝坐着吃奶，想象一下，如果你不得不躺着喝水，你会吞入多少空气。

◎ 如果宝宝吃奶时发出很响的声音，请停止喂奶，不时地给他拍嗝。

◎ 采用恰当的拍嗝姿势：让宝宝坐在你的大腿上，把手弯成杯状，让他的下巴舒服地靠在你的手里。然后让他前倾，弯下身子。我很少让婴儿靠在我肩膀上拍嗝，因为这种姿势下婴儿吐出的奶会正好流到我的后背上。

◎ 把胃壁上的气泡放出来。宝宝的胃就像一瓶汽水，瓶壁上黏着小气泡。让他在你大腿上跳几次，然后轻轻拍打他的后背 10 ~ 20 次，这样就可以把他胃里的小气泡释放出来了。

便秘会引起肠绞痛吗

婴儿用力排便时看起来就像在参加摔跤比赛。他们经常呻吟着、扭动着，哪怕排出来的是软便或稀便。值得庆幸的是，只有极少数吃配方奶粉的婴儿才会因为便秘而啼哭。

如果婴儿没有便秘，那他们为什么要哼唧，还要那么用力地排便呢？想一想以下两点。

1. 为了排便，婴儿必须收紧腹部肌肉，同时放松肛门。这并不容易做到。很多小婴儿协调性不好，同时收紧了腹部和肛门，结果不得不用力让大便通过紧闭的肛门。
2. 婴儿大多数时候是躺着排便的。试着想一想，用那种姿势排便有多困难。

婴儿在努力克服这两个挑战时会哼唧或啼哭，但并不是因为他们感到疼！更多有关婴儿便秘的内容可见第 14 章。

知识点 The Happiest Baby on the Block

宝宝是因为胃结肠反射而哭闹吗

在吃了几分钟奶后，你的宝宝是否会弯曲身体，嘴里咕哝着？这种扭动看起来像消化不良的反应，但也可能只是婴儿对正常消化过程的过度反应罢了。这样的消化过程叫作胃结肠反射。

婴儿的消化系统就像一条长长的传送带。奶水进入胃里，然后慢慢向下移动，经过长长的肠道，被消化、吸收，剩下的残渣变成了大便，逐渐填满肠道下段的结肠部分。

在吃下一顿饭时，肠道需要为新的食物腾出空间，所以当胃被填满时，它会给结肠发出指令，让结肠挤压、清空。这就可以解释为什么婴儿经常在吃奶时或刚吃完奶时就排便了。

成年人也会有这种反射，因为已经非常微弱了，所以我们很少注意到它。与之类似，大多数婴儿也不会注意到这种反射。但对有些婴儿来说，挤压的感觉有些奇怪，颇令人烦恼。吃完奶后扭动、尖叫的超级敏感宝宝通常也会因为电话铃声或某人笑声太大而放声哭号。如果运用 5S 安抚法，宝宝很快就安静下来，那么你可以放心，他并没有感到疼痛。

知识点
The Happiest
Baby on the Block

不要用药物安抚哭闹的婴儿

从 20 世纪 50 年代到 20 世纪 80 年代，医生给哭闹的婴儿开了不计其数的抗痉挛剂。到目前为止，最受欢迎的抗痉挛剂是双环胺（Bentyl），但事实证明它也是最危险的药物之一。1985 年，医生惊恐地发现，一些服用这种"无害的"抗痉挛剂的婴儿出现了惊厥、昏迷甚至死亡的现象。

肠胃的小问题不是肠绞痛的真正原因

让我们陷入麻烦的不是我们不知道的事情，而是我们知道的事情……只是事实并不是我们所知道的那样！

乔希·比林斯（Josh Billings），
《每个人的朋友》（*Everybody's Friend*）

　　尽管人们普遍认为是胀气导致了肠绞痛，但肠胃的小问题不可能是肠绞痛的根本原因，因为它解释不了肠绞痛的以下基本特征。

● **肠绞痛大约从婴儿出生后 2 周开始，8 周时最严重，大约 3 个月时结束。**

　　胀气从婴儿一出生就存在，比肠绞痛还要早几周。肠绞痛结束之后，胀气还会持续很长时间。

● **早产儿出现肠绞痛的概率和足月儿一样，但一定会到日子才开始。**

　　早产儿会产生大量胀气，因此，如果是胀气导致了肠绞痛，那宝宝们应该从出生第一天起就哭闹。然而，早产儿不会一生下来就发生肠绞痛，很多是在出生两三个月后才开始出现肠绞痛。

● **肠绞痛在傍晚时会加重：所谓的怪事总发生在晚上。**

　　婴儿的肚子一整天都会叽里咕噜响，因此，如果是胀气或痉挛引发了肠绞痛，那么婴儿在任何时候，无论是白天还是晚上，都应该会不停地哭闹。

● **来回摇摆、搂抱和巨大的白噪声，如乘车或吸尘器的声音，经常能让肠绞痛宝宝的哭闹暂时停下来。**

　　试想一下，摇动、搂抱或白噪声怎么可能缓解严重的胃疼呢？

● **在有些文化中，肠绞痛很罕见，或者根本不存在。**

　　全世界的婴儿都在打嗝、放屁、拉便便。如果是它们引起了肠绞痛，那么在所有文化中，婴儿不停哭闹的发生概率应该是一样的，但事实并非如此。

理论 2：肠胃的大问题会引起肠绞痛

在最近 30 年里，科学家新发现了一些引发成年人胃痛的原因，其中有 4 个可能引发肠绞痛：食物敏感或过敏，肠道里的益生菌和 "坏" 细菌数量不平衡，乳糖不耐受和胃酸反流。科学家们对此进行了深入研究。

警惕食物敏感或过敏

如果用母乳喂养的宝宝爱哭闹，医生可能会告诉妈妈，不要吃辛辣的食物，或者不要吃容易让肠胃产生气体的蔬菜，比如西兰花、甘蓝等。大蒜、洋葱、西兰花和豆类有时会让成年人肠胃胀气。但是如果妈妈只是吃了这些就对宝宝的肠胃这么不好，那为什么墨西哥和韩国的宝宝没有哭闹得更严重呢？他们的妈妈可是经常在哺乳期吃菜豆或泡菜呢！

研究显示，妈妈吃的食物会影响羊水和母乳的味道，从而让宝宝品尝到各种食物的味道，这有助于他们熟悉以后将享用的食物。因此，如果妈妈喜欢吃大蒜，那么在吃下一盘蒜蓉鲜虾意面后，宝宝吃奶的劲头可能会更足。

当妈妈避免吃某些食物后，哭闹的宝宝很少会因此有所改善。不过，如果用母乳喂养的宝宝非常爱哭闹，那么应该试着避开可能带来哭闹问题的食物，看看他的哭闹是否减轻了。这些食物主要有柑橘、草莓、西红柿、豆类、甘蓝、西兰花、菜花、球芽甘蓝、胡椒、洋葱和大蒜。

与食物敏感不同，过敏是身体免疫系统的过度反应，是为了保护我们免受外来蛋白质的伤害。对于比较大的孩子和成年人来说，当身体与猫皮屑或花粉战斗时通常会引起流鼻涕、打喷嚏。但是对于婴儿来说，过敏的主战场在他们的肠道里。

正如我们之前提到的，食物过敏常是由蛋白质引起的。对于婴儿来说，外来蛋白质主要来自牛奶和豆奶。我们已经知道婴儿可能会对牛奶和豆奶产生反应，这些蛋白分子穿过曲折的肠道，进入婴儿的血液，就像苍蝇穿过有破洞的纱门。一旦蛋白分子进入血液，它们就会引起婴儿的过敏反应。要知道，婴儿在刚出生的第一年或第二年里，肠壁还不成熟，因此这些蛋白分子更容易穿过去。

那么母乳喂养的婴儿会对母乳过敏吗？1983 年，瑞典科学家证明，母乳喂养的肠绞痛宝宝绝不会对妈妈的奶水过敏，但有可能对进入母乳的蛋白质产生过敏反应。妈妈吃完饭后，只需要几分钟，少量蛋白质就会从肠胃来到乳汁中。饭后大约 8 ~ 12 个小时，进入母乳的蛋白质含量会达到最高值。

对食物过敏的宝宝会有很多烦人的症状，比如大哭大闹、皮疹、鼻塞、喘鸣、呕吐或腹泻。

值得庆幸的是，大多数婴儿能忍受饮食中所有的蛋白质，而不会产生过敏反应。母乳喂养和吃配方奶粉的婴儿出现肠绞痛的概率一样，尽管吃配方奶粉的婴儿摄入了大量牛奶蛋白。这说明，对食物敏感或过敏不是婴儿肠绞痛的主要原因。

我之前说过，最常见的婴儿食物过敏源是牛奶和大豆，对牛奶过敏的婴儿中有 10% 也对大豆过敏。比较罕见的婴儿食物过敏源是鸡蛋、坚果和贝类。牛奶会引起一些宝宝的肠胃不适，这并不令人吃惊。毕竟，牛奶是为小牛准备的爱心食物，而不是为人类宝宝准备的。

如果你的宝宝爱哭闹，那么在决定换配方奶粉或调整你的饮食开始吃鸡肉、喝白开水之前，可以先看看 5S 法是否能安抚宝宝。

注意：宝宝的尿布上出现血迹一定会让你心跳加速，但你通常不需要担心，因为这就像你鼻子过敏时，鼻子里会出现些带血的黏液一样。不过，如果发现宝宝的大便里有血，一定要联系医生。

兴奋性食物：你的宝宝是否会受咖啡因影响

有的人灌下一杯特浓咖啡之后也能睡着，但有的人吃一口黑巧克力就会辗转难眠。难怪有的哺乳期妈妈喝咖啡，宝宝没事，但有的哺乳期妈妈只喝一点儿咖啡、茶、苏打饮料、能量饮料、热巧克力，或者服用少量的减肥药、营养补充剂、缓解充血药、中草药等具有兴奋作用的制剂，宝宝就会过度兴奋。如果妈妈在哺乳期喝一杯咖啡，4～6个小时后，就能从母乳中检测出咖啡因。

研究并没有发现，妈妈在哺乳前喝咖啡会加重婴儿的不安。但是，如果在你喝下咖啡几个小时后，你的宝宝开始变得不安、爱哭闹，那你应该停喝几天咖啡，看他的哭闹是否有所改善。

警惕"坏"细菌

几个世纪以来，人们一直推崇发酵食物，比如酸奶的健康价值。这些食物含有"好"细菌，即益生菌，对我们的健康有利。像益生菌这些重要的微生物能制造维生素，协助我们的肠胃消化。它们就像一支微观的治安部队，在我们的肠道中巡逻，使"坏"细菌不会泛滥。

母乳的一个神奇之处在于，它天然能促进婴儿肠道中益生菌的生长。事实上，最好的益生菌之一被称为嗜酸乳杆菌，从字面意思看，它就是奶里面喜欢酸的细菌。母乳喂养的婴儿的肠道中有大量嗜酸乳杆菌，这是他们的大便不像吃配方奶粉的婴儿的大便那么臭的一个主要原因。

一些研究报告称，益生菌有助于避免严重的肠道问题，包括肠绞痛。这些报告导致一些消费产品，比如含有益生菌的滴剂、粉末和配方奶粉的销量激增。

然而，其他一些研究怀疑这些益生菌并不能治愈肠绞痛。有一篇对12项研究进行的综述发现，益生菌对肠绞痛的缓解率并不比抛硬币的概率更高：6项研究显示有帮助，6项研究显示无效。澳大利亚的一项研究发现，益生菌对缓解肠绞痛毫无作用，无论这些宝宝是吃母乳还是吃配方奶粉。

益生菌显然不像它被吹嘘的那样，是治疗肠绞痛的万灵药。不过，它可以减轻一些宝宝的肠道炎症，减少过度活跃的胃结肠反射引起的痉挛。因此，如果5S法不管用，你可以问一问医生，看看益生菌是否会有帮助。

乳糖不耐受是一个错误观念

乳糖在字面上的意思是"奶里的糖"。它在乳房中形成，其实是将其他两种糖，即葡萄糖和半乳糖结合起来的一种糖。母乳中含有大量乳糖，它使奶水变得浓稠。

与普通的蔗糖或高果糖玉米糖浆不同，乳糖对婴儿非常有益，因为它可以从以下3个方面改善婴儿的健康。

1. 乳糖会被消化成葡萄糖，葡萄糖是婴儿的身体和大脑的主要能量来源。
2. 乳糖能提供大量半乳糖。对于构建婴儿的神经系统来说，半乳糖是必不可少的。
3. 过量的乳糖经过肠道后，如果未被消化完，会在下端肠道中发酵，形成气体和一种类似醋的酸。婴儿因此会排出有泡沫的酸性粪便，使皮肤发炎。但是少量的酸能够杀死"坏"细菌，增加乳酸杆菌，因此总体来说对婴儿有益。

　　宝宝吃下的乳糖需要肠道中的乳糖酶来分解消化。随着年龄增长，成年人肠道中的乳糖酶越来越少，这使得有些人出现了乳糖不耐受，吃了乳制品后会腹胀、腹痛、腹泻。这个经常发生在成年人身上的问题促使一些医生猜测，肠绞痛的婴儿可能会因为乳糖不耐受而胃疼。很快，市场上出现了很多不含乳糖的配方奶，比如豆奶、不含乳糖的牛奶和特殊的低变应原的奶，以及含有乳糖酶的肠绞痛滴剂。所有这些产品都声称能治愈肠绞痛，但是这些宣传完全是炒作，而不是为了婴儿的健康。加拿大的一项研究显示，不含乳糖的配方奶粉并没有治疗肠绞痛的作用。澳大利亚的一项研究发现，给母乳中添加乳糖后，爱哭闹的婴儿反而减少了哭闹。

警惕胃酸反流

　　多年来，儿科医生猜测肠绞痛是反流的胃酸引起的烧灼痛，这在医学上也被称为胃食管反流。有一本书中甚至鼓吹胃酸反流是所有肠绞痛的病因。然而，花在研究婴儿抗酸剂上的几亿美元都打了水漂。现在科学家已经证明，胃食管反流很少会引起肠绞痛。

　　澳大利亚的一位医生检查了 24 个特别暴躁易怒，甚至不得不住院治疗的婴儿，他们都不到 3 个月大。其中只有一个婴儿存在胃酸反流的情况。实际上，现在的研究显示，即使胃酸反流很严重的婴儿也不会感到疼痛。在 129 个因为严重的胃酸反流而住院的婴儿中，33% 的婴儿会过度呕吐，30% 的婴儿体重不会增长，但几乎没有婴儿哭闹个不停。

　　美国匹兹堡大学的研究证实，治疗胃酸反流的药物对肠绞痛婴儿没有任何作用。医生收治了 162 个吃完奶就哭的婴儿，给其中一半婴儿服用强效抗酸剂，给另外一半婴儿服用安慰剂。你猜猜后面发生了什么？结果，

50%吃抗酸剂的婴儿哭闹情况有所改善，但50%服用安慰剂的婴儿也改善了。

实际上，所有婴儿都有胃酸反流的情况，只是我们给它起了另外一个名字：吐奶。在人类食道底部有一块防止胃液反流的肌肉，出生后最初的6个月里，这块肌肉非常弱，因此婴儿常常会把最后吃进去的少量食物反流到口腔，其中会混合着一点胃酸。有些婴儿吐得很多，但根本不哭闹。医生称他们是愉快的吐奶娃，给父母们的建议是：更好地给他们拍嗝，一次不要喂得太多。对这些家庭来说，胃酸反流引起的最大问题是留在衣服和沙发上的奶渍。

尽管这些年来关于胃酸反流无害的证据越来越多，但有82%的儿科医生依然执迷不悟，开出了过量的抗酸药物。对于1岁以下的婴儿，其中大多数药物甚至没有得到美国国家食品与药品管理局的批准。沮丧的医生为了安抚沮丧的父母，每年会开出成千上万张抗酸药物处方。

这类抗酸药物不仅是不必要的，而且可能是有害的。胃酸是对抗细菌的第一道防线，婴儿每天吮吸手指、到处舔、乱吞东西，会接触很多细菌。研究显示，抗酸药物会让胃里的细菌有机会生长，从而增加婴儿患肺炎和肠胃炎的风险。有一种抗酸药甚至被召回了，因为它会引起婴儿突然死亡。

注意： 即使你的宝宝服用了防止胃酸反流的药物后哭闹症状有所改善，你也要咨询医生，试着停几天药，看是否真的有必要使用药物。

那父母到底什么时候应该怀疑宝宝有胃酸反流的问题呢？只有当你看到以下这些迹象时。

◎ 每天吐奶超过5次，每次超过30克。

◎ 大多数喂奶的时候婴儿都会啼哭，哪怕在一天中很早的时候。

◎ 3 个月大之后，婴儿的哭闹没有改善。要知道，婴儿要到 4 ~ 6
　个月大时胃酸反流才会减少，这在肠绞痛结束之后。
◎ 婴儿出现声音嘶哑或喘息的现象。

肠胃的大问题不是肠绞痛的真正原因

如今，医学专家估计，只有 5% ~ 10% 的婴儿肠绞痛是由重大肠胃
问题引起的。其中大多数是食物敏感或过敏导致的，极少是因为胃酸反流
或肠胃内菌群失调造成的，乳糖不耐受也不会引起肠绞痛。肠胃的大问题
无法解释下面几个肠绞痛的基本特征。

● 　肠绞痛大约从婴儿出生后 2 周开始，8 周时最严重，大约 3 个
　月时结束。

　　如果是过敏、"坏"细菌、乳糖不耐受或胃酸反流引发了婴儿
哭闹，那么大月龄婴儿的哭闹应该不会消失，因为较大的婴儿依然
会喝很多奶；他们的肠道里依然有很多"坏"细菌，比如大肠杆
菌；他们依然会吐奶。但是到 3 个月大时，大多数婴儿的肠绞痛会
完全消失。

● 　早产儿出现肠绞痛的概率和足月儿一样，但一定会到日子才
　开始。

　　早产儿一直会接触到乳蛋白和乳糖，肠道里有臭臭的"坏"细
菌，每天都会吐奶。因此，如果是这些问题引起了胶绞痛，那么他
们应该在一生下来就哭闹不止。

● 　肠绞痛在傍晚时会加重：所谓的怪事总发生在晚上。

　　无论是早上还是晚上，婴儿摄入蛋白质和乳糖的量、肠道内细

菌的水平，以及胃酸反流的情况都一样。因此，如果是它们引起了肠绞痛，那么怪事就不应该只发生在晚上了。

● 来回摇摆、搂抱和巨大的白噪声经常能让肠绞痛宝宝的哭闹暂时停下来。

乘车怎么可能安抚宝宝发炎的肠道或胃灼热的症状呢？摇动和包裹甚至会使宝宝的胃酸反流更严重。吸尘器的声音当然也不能影响婴儿肠道里的细菌或其消化乳糖的能力。

● 在有些文化中，肠绞痛很罕见，或者根本不存在。

要知道，全世界的婴儿都会进食大量乳糖，也都经常吐奶，他们的大便中都有很多大肠杆菌和其他"坏"细菌。

理论3：母亲的焦虑会引起婴儿的肠绞痛

任何在宝宝出生后感到担忧和焦虑的妈妈都会猜测，自己的这些情绪是否会影响宝宝。这正是特里纳非常担心的事情。

塔蒂亚娜是个漂亮的小婴儿：红红的嘴唇，浓密的黑发。别看她外表纤弱精致，性格却很刚烈。她继承了父母热情开朗的性格，这让特里纳和丈夫米尔科激动不已。然而几周后，当塔蒂亚娜充沛的精力以尖声哭闹的"马拉松"表现出来时，他们都蔫了。

在塔蒂亚娜哭得特别凶的一个下午，特里纳给医生打了电话。她诉说道："我非常敏感，是个凭直觉做事的人。塔蒂亚娜是不是也这样？我知道她只有4周大，但她会不会感受到了我的所有压力？"

特里纳说，自己剖宫产后的伤口非常疼，而且在孩子出生几天后，公寓里发了大水，他们失去了大部分财产。

"我们为宝宝构建的安乐窝像纸板房一样倒塌了，后来不得不搬到朋友家的客厅里住。塔蒂亚娜 3 周大时开始肠绞痛，我认为她的尖声哭闹源自她感觉到了我的焦虑。"

焦虑是新手爸妈的常态

生个健康的宝宝是一件非常让人开心的事，但很少有妈妈或爸爸不曾感到焦虑或自我怀疑。有太多的因素会让新手父母感到崩溃了，比如以下这些。

◎ **照顾婴儿比他们预想的困难。** 他们以为自己做了足够的准备，但极度疲惫和婴儿一刻不停的需求像成吨的砖一样压垮了他们。

◎ **他们对育儿没什么经验。** 过去，新手父母在小时候都会照看弟弟妹妹或亲戚的宝宝。如今，大多数新手妈妈几乎没有实践经验。现代父母可能是人类历史上最没经验的一代父母了，虽然这听起来很令人吃惊。

◎ **他们觉得每个人都在插手、提建议。** 新手爸妈不断收到各种建议，甚至陌生人也会给他们提建议："把他抱起来！""不要抱！""按需要喂奶！""按日程表喂奶！"大家东一嘴、西一嘴，只会让新手爸妈变得没有信心，对自己更加怀疑。

◎ **他们根本得不到什么有效的帮助。** 不要认为家里有个保姆就可以轻松应对婴儿的需要，配备保姆只是最低要求。即使你是妈妈，也并不意味着你必须事必躬亲地安抚宝宝的哭闹，给他喂奶，外加处理杂务。在 100 多年前，大多数新手妈妈每天都会得到几位很会照顾婴儿的亲人的帮助。

新手妈妈的不胜任感

你真的准备好了吗？除非你做过很长时间的保姆，或者照顾过年幼的弟弟妹妹，否则做一个娴熟的妈妈既不是自动学会的，也不是本能就会的。对大多数人来说，照顾婴儿是我们做过的最困难的工作。所以不要奇怪，有时候你恨不得自己有三头六臂。

以下是新手父母常会承受的 10 大压力：

1. 极度疲劳；

2. 没有经验；

3. 与其他亲人、朋友隔绝；

4. 其他亲人和朋友的插手、建议；

5. 无法安抚婴儿的哭闹；

6. 与配偶争吵；

7. 失去了工作收入和事业满足感；

8. 担心自己的身体；

9. 分娩或哺乳时剧烈的疼痛；

10. 衣服上洗不掉的呕吐污渍。

当做了妈妈，你的心理便会变得很脆弱。做妈妈是人生中最劳心劳力的经历之一，尤其是当你有个肠绞痛的宝宝时，如果再加上其他压力，你会变得更加脆弱。总的影响是，很多女性会产生扭曲的自我认知，产生一阵阵的焦虑和抑郁。关于产后抑郁症，详见附录 B。

幸好，最初的压力过去之后，大多数爸爸妈妈会融化在对婴儿温暖的爱中，这也将是他们体验过的最强烈、最深沉的爱。

因此，要耐心而宽容地对待你的宝宝，对待你的配偶，尤其是对待你自己。

焦虑的妈妈不是诱发肠绞痛的真正原因

> 肠绞痛是婴儿天生就有的，不是后天形成的。
>
> 马丁·斯坦恩 (Matin Stein)，
> 《邂逅孩子》(*Encounters with Children*)

注意： 新生儿颤抖的手、抖动的下巴和惊人的哭喊声并不是情绪紧张的表现。它们是由于婴儿的神经系统不成熟引起的，几个月后就会消失。

宝宝持续的哭闹会给新手父母的信心蒙上阴影，使你怀疑自己的担忧或沮丧引起或加剧了宝宝的哭闹。但宝宝就是宝宝，就算你的悲伤、气愤、紧张情绪就像写在脑门上一样明显，他们也根本读不懂你复杂的情绪。

不过，妈妈的焦虑确实会促使婴儿啼哭，表现在以下几个方面。

◎ 焦虑会使母乳减少或使排乳受阻，让饥饿的婴儿很沮丧。

◎ 心烦意乱的妈妈会没心思、没耐心安抚哭闹的婴儿。

◎ 焦虑的妈妈没有信心根据婴儿的需要，果断地用包裹、嘘声和摇动来安抚尖声哭闹的宝宝。

◎ 紧张的妈妈缺乏耐心，会很快从一种安抚方法换到另一种方法，使得任何方法都实施得不彻底、不成功。

焦虑的妈妈导致了婴儿的肠绞痛这一理论无法解释以下 3 个重要的肠绞痛特征。

● 肠绞痛大约从婴儿出生后 2 周开始，8 周时最严重，大约 3 个月时结束。

父母在婴儿刚出生的那些日子里最容易焦虑。因此，如果是父母的焦虑引起了婴儿的肠绞痛，那婴儿刚出生后应该哭闹得最凶。

● 早产儿出现肠绞痛的概率和足月儿一样，但一定会到日子才开始。

这些虚弱的早产儿会让神经大条的父母都变得紧张兮兮。如果是父母的焦虑引起了婴儿的肠绞痛，那早产儿应该从出生就开始一阵阵地大哭。

● 肠绞痛有可能发生在你的第 5 个孩子身上，也有可能发生在你的第 1 个孩子身上。

有经验的妈妈会更有信心，因此，如果是妈妈的焦虑引起了婴儿的肠绞痛，那么第 5 个出生的孩子应该比第 1 个孩子更不容易发生肠绞痛，然而出生顺序并不会改变婴儿发生肠绞痛的概率。

特里纳不需要担心自己的压力会给塔蒂亚娜幼小的心灵造成负担。实际上，情况往往正相反，宝宝的大哭会触发妈妈们神经系统的红色警报，使她们变得紧张、焦虑。

理论 4：大脑发育不成熟会引起婴儿的肠绞痛

婴儿的协调能力很差，他们就像喝醉酒的水手，你可以想象醉酒人的神经反应速度，婴儿差不多就是这样。新鲜的视觉、听觉、嗅觉刺激会像雪崩一样，让婴儿尚未成熟的大脑超负荷运转，由此引发肠绞痛。这是一个很流行的理论，因为新生儿的大脑功能确实发育得很不完善。让我们来看一看婴儿的大脑是哪里不成熟，以及这些问题是否会引起婴儿持续几个小时的哭闹。

婴儿与生俱来的能力

设想你要长途旅行，但只能带一个小手提箱，你会装哪些必需品？从某种程度上来说，这就是婴儿的困境。在准备出生时，他为了适配妈妈的子宫颈大小，不可能在直径约10厘米的小脑袋里塞进3个月大婴儿的技能。

因此婴儿不得不缩减他的清单，只装上在子宫外生存所必需的能力。

你会为宝宝选择哪些必需品？走路，微笑，还是说"妈妈我爱你"？经过亿万年的演化，大自然在婴儿那苹果般大小的脑袋中塞进了以下5种不可或缺的能力。

1. **生命支持**：用来维持血压、呼吸等。

2. **反射**：几十种非条件反射，比如打喷嚏、吮吸、吞咽和啼哭等。

3. **五感**：看、听、触、嗅、味的感觉能力，这开启了婴儿感知周围世界的大门。

4. **肌肉控制**：有限的伸手、抬头的能力，以及在学习互动时，模仿成人的表情的能力。

5. **状态控制**：为了看和听去注意，以及为了休息和睡觉不去注意的特殊能力。

在所有这些能力中，状态控制是和肠绞痛关系最密切的一种能力。

状态控制：婴儿关注世界或拒绝世界的能力

当电视机"哇啦哇啦"响的时候，你的宝宝能睡着觉吗？当宝宝开始闹脾气时，情况会越来越糟，还是有时他会自己安静下来？这些都是婴儿状态控制能力的征兆。

这种"状态"和你住在什么地方没有任何关系，它描述的是婴儿的6个警觉层次：深睡、浅睡、昏昏欲睡、安静的警觉、闹脾气、尖声啼哭。当婴儿处于这个"觉醒彩虹"的中间层次时，他的面孔是平和、放松的，还会环顾四周。这个神奇的状态就被称为安静的警觉。

婴儿大脑的首要任务就是状态控制，这可以让他保持一段时间的平静，或者香甜地睡上一觉。这种能力就像电视机遥控器，当有趣的事情发生时，状态控制能力会让婴儿"保持电视机一直开着"；当该睡觉时，状态控制能力就会让婴儿"把电视机关上"。

状态控制得较好的婴儿善于自我安抚，他们比较容易从哭闹转为安静状态。当外面的世界太过刺激时，他们会自我保护，将注意力转移开，比如发呆、吮吸自己的嘴唇或手指、睡觉、把目光从混乱中转移开，就好像

在说:"这太刺激了,我需要时间喘口气儿!"

出生几周后,婴儿处于警觉状态的时间会逐渐增加,他开始"注意到"周围令人惊异的景象和声音。但是,过多的关注会让婴儿异常兴奋,会压垮他的状态控制能力。周围乱哄哄的热闹场面会让婴儿非常投入,他一直注视着,直到累坏了。即使累坏了,他也不愿睡觉,依然瞪大眼睛,但精疲力竭。

如果你的小家伙不停地尖声哭闹,我会在下文告诉你,如何用 5S 法在婴儿疲惫不堪时拯救他。

刺激不足或刺激过度会导致哭闹吗

> 婴儿不是因为你没把他抱起来而哭,而是因为一开始你把他放下了。
>
> 佩内洛普·里奇,
> 《实用育儿全书》

让人眼花缭乱的景象、声音、气味会让新生儿的信息接收能力超出负荷。有些专家甚至建议,应该让哭闹的婴儿独自待在安静、黑暗的房间里,帮助他们恢复状态。但是安静真的对哭闹的宝宝更好吗?

你想象中婴儿房里完美的景象是宝宝安静地睡着,但这绝不会是你把宝宝放在小黑屋里时的样子。

婴儿其实根本不需要或不想要安静。虽然这听起来有点奇怪,但婴儿喜欢单调的重复,比如连着 6 个月每顿都喝奶也不会让他们感到厌烦。

相反,安静比过度刺激更会让婴儿哭闹。他们无法忍受安静,要知道在出生前他们喜欢有节奏的声音、有催眠作用的刺激。他们的状态控制能力需要几个月的时间才能变得足够强大,才能够应对一天中好几个小时没有白噪声的安抚。

总之，刺激不足和刺激过度都会让婴儿变得不安。最糟糕的是两种情况都存在，即白天一片混乱，夜晚一片安静，缺少能安抚婴儿的节奏，这很容易让婴儿无法容忍。

不成熟的大脑不是诱发肠绞痛的真正原因

大脑发育不成熟是导致肠绞痛的一个重要原因，但它无法解释肠绞痛的以下两个基本特征。

- 早产儿出现肠绞痛的概率和足月儿一样。

  如果是大脑不成熟导致了婴儿尖声哭闹，那么大脑发育非常不成熟的早产儿应该哭闹得更凶。

- 在有些文化中，肠绞痛很罕见，或者根本不存在。

  在一些社会文化中，婴儿的大脑并不会更加成熟。因此，有些文化中不存在肠绞痛的事实证明，大脑发育不成熟不是导致婴儿持续哭闹的主要根源。

理论 5：挑战性气质会引起肠绞痛

具有挑战性气质的宝宝是不良胎教的结果吗？或者，有些婴儿天生就爱哭闹吗？

先天或后天：是什么决定了婴儿的气质

你是否听说过这么一个故事：一个男孩的成绩单上全是 F，他把成绩单递给爸爸，低着头问："爸爸，你认为我的问题是来自遗传，还是来自你的养育方式？"

很多年前，人们相信婴儿喝的奶水会影响他们的性格。古代育儿专家警告说，永远不要给婴儿喂猴子的奶，永远不要吃智力低下、道德败坏或有精神疾病的奶妈的奶水。

如今人们普遍认可的观点是，我们大约有 50% 的人格特质源自父母的遗传。因此，害羞的父母更可能会生育害羞的孩子，热情的父母往往会生出"小辣椒"。

> 佐兰以前是个赛车手，叶利娅是工作压力很大的精神科医生，他们有个宝宝叫安德烈娅。安德烈娅从一出生就闹脾气，到 2 个月大时，升级为几乎一天 24 小时地尖声哭叫。佐兰笑着说："她像钉子一样强硬，但你还能期待什么呢？虎父无犬子。"

气质：婴儿航行的大海

> 认为安静的婴儿好、哭闹的婴儿不好的观点是错误的。事实上，有些心性安静的婴儿哭闹得比较厉害，是因为他们无法忍受周围世界的混乱。
>
> 勒妮，
> 3 个孩子的妈妈

可以把你的宝宝看成一条船，他的气质就像大海，他在大海上航行。平静的大海就像平静的性格，具有良好自我安抚能力的婴儿可以顺利地度过第一年。那些自我安抚能力糟糕或者具有挑战性气质的婴儿就像在波涛翻滚的大海上航行，他们在感到混乱时就会哭闹。

让人感到幸运的是，大多数婴儿具有温和的气质。

好脾气宝宝 VS. 挑战性气质宝宝

性格平和的宝宝会用轻微的哭闹来表达自己的不满，就好像在说："妈妈，这里有点儿太亮了！"他们就像小小的"冲浪高手"，能够从容地接纳这个世界的疯狂。

但是，性格敏感或易激惹的宝宝常常会爆发出尖声啼哭，就像船在狂风暴雨中颠簸。

丽兹和詹妮弗是双胞胎，她们就像一个豆荚里的豆子，对噪声和突如其来的摇晃都极其敏感。但她们有一点不同：詹妮弗最终会自己安静下来，但丽兹的尖声哭闹会愈演愈烈，因为她没法控制自己。

像丽兹这样的宝宝很棘手，因为他们无法应对自己的脾气。有些爸爸妈妈会尽量笑对这些难熬的日子，他们给这类宝宝起了一些有趣的绰号。比如，阿曼达的爸爸妈妈称她为"慢不得"，夏洛特的妈妈则叫她"小气筒"，拉克兰的爸爸妈妈叫他"哭将军"。

对新生儿来说，有两类气质特别具有挑战性：一种是对一切都敏感，另一种是特别易激惹，情绪反应强烈。

敏感的气质：像水晶一样脆弱

你是否有特别敏感的朋友，嘈杂的声音、杂乱的房间或强烈的气味就能让他们气恼？跟他们类似，电话铃声会让敏感的新生儿吓一跳，乳头上羊毛脂的味道也会让他们大叫。这些婴儿很警觉，而且像水晶一样纯真，时刻关注着周围的一切。他们一旦开始啼哭，就很难自我安抚。

如果你的宝宝超级敏感，你会注意到他在吃奶或玩耍时，时不时地会把目光从你身上转移开。这种"凝视厌恶"并不意味着他不喜欢你，或者不想看你，而通常意味着你靠得有点太近了。想象有一张大脸突然出现在你眼前，你也需要转移视线。不妨坐直或向后移一点，使宝宝的眼睛和你的脸之间有更大的空间。

易激惹的气质：在兴奋与暴躁之间游荡

所有婴儿都会有一阵阵的沮丧感。平和的孩子会泰然处之，而易激惹的孩子则会爆炸。这就像日常苦恼的"火星儿"落在了他们暴躁性格的"炸药"上……"嘭"！这些婴儿一旦哭起来，就很难停下，即使他们得到了想要的东西。

杰姬2个月大的易激惹宝宝杰弗里饿了，这让她见识到了什么叫剧烈的啼哭。

> 杰弗里会用"快喂我，否则我会饿死"式的尖声大哭来宣布他饿了。我会从沙发上跳起来，一边跑向他，一边把乳头拽出来。但是杰弗里经常会无视嘴边滴着奶水的乳头，继续大哭，左右摇着头，好像根本看不见。
>
> 我怀疑杰弗里认为我的乳头是试图安抚他的手指，而不是我对他充满爱意的拯救。不顾他的抗议，我坚持着，直到他开始吮吸。你瞧，他吃起奶来的劲头就好像我几个月没有喂过他似的。

杰姬聪明地意识到杰弗里不是故意无视她的乳汁，他只是个小婴儿，正在努力应对易激惹的气质。

知识点
The Happiest
Baby on the Block

你的宝宝是什么气质

出生的第一天，你对宝宝尚在萌芽中的性格就会有一点了解了。以下问题有助于你更好地了解宝宝的气质是平和还是火爆。

◎ 外界环境突然的冲击，比如亮光或冷空气刺激，是会引起他发出一点呜咽，还是尖声的大哭大闹？

◎ 当你让他平躺着时，他的胳膊通常是安稳地放着，还是到处乱挥？

◎ 他很容易被响声和突然的动作惊吓到吗？

◎ 在感到饥饿时，他的脾气是慢慢地升级，还是一下子就大哭起来？

◎ 在吃奶时，他是像品红酒那样小口地吃，还是狼吞虎咽？

◎ 在他放声大哭时，吸引他的注意力有多难？需要多长时间
　　才能让他平静下来？

这些问题并不能非常准确地预测孩子一生的性格，但它们一定能体现
出婴儿的一些特点。

婴儿的气质会持续终身吗

随着婴儿长大，他们不会变得不敏感或不那么易激惹，但他们会逐渐
具有控制情绪波动的能力。到 3 个月大时，婴儿可以用微笑、"咿咿呀呀"、
翻滚、抓握和咀嚼来应对兴奋和恼火的情绪。再过一两个月，他的自我安
抚技能包里还会增加大笑、用嘴啃东西等技能。

随着时间的流逝，过去会惹得他们尖声哭闹的刺激现在只会引得他们
"咯咯"地笑。因此，如果你有个难对付的宝宝，那也不要灰心。易激惹的
宝宝长大后常常会笑得最欢，成为家里最健谈的成员，会抱着你的腿说：
"嗨，妈妈，看啊，太不可思议了。"敏感的宝宝则会成长为最有共情力、最
有洞察力的孩子，会小心地告诉你："不，妈妈，那不是紫色，是淡紫色。"

知识点
The Happiest
Baby on the
Block

吻合度

气质有很大一部分来自遗传，但就像有棕色眼睛的爸爸妈妈也
会生出有蓝色眼睛的宝宝一样，性情平和的爸爸妈妈有时也会生出
"霸王龙"宝宝，让他们想要逃到山上去。

照料和自己气质迥异的宝宝是一大挑战。我们可能会粗糙地对
待敏感的宝宝，或者对易激惹的宝宝太温柔。作为父母，我们的一
部分任务就是搞明白宝宝的气质，以最适合的方式养育他们。

挑战性的气质不是导致肠绞痛发生的真正原因

敏感而易激惹的过度反应对肠绞痛一定有影响。但是具有挑战性的气质不是导致肠绞痛的根本原因，因为它无法解释肠绞痛的以下 3 个基本特征。

- 肠绞痛大约从宝宝出生后 2 周开始，8 周最严重，大约 3 个月时结束。

  气质会持续一生，因此婴儿 4 个月大之后，具有挑战性的气质会使肠绞痛持续下去，甚至使肠绞痛变得更严重。

- 早产儿出现肠绞痛的概率和足月儿一样，但一定会到日子才开始。

  人们会预期具有敏感或易激惹气质的早产儿应该比足月儿更容易不知所措，会出现更严重的肠绞痛。人们也会预期早产儿的哭闹会马上开始，而不是等到几周或几个月之后。

- 在有些文化中，肠绞痛很罕见，或者根本不存在。

  所有文化中都有敏感和易激惹的婴儿。如果是气质引起了肠绞痛，那么所有文化中都应该有超级爱哭闹的婴儿。

那么，究竟是什么引起了婴儿持续的哭闹？正如你将在下一章中看到的，对肠绞痛最好的解释是缺失的第四妊娠期。

肠绞痛的真实原因：
缺失的第四妊娠期
THE HAPPIEST BABY ON THE BLOCK

关键点

◎ 前三个妊娠期：婴儿在子宫里幸福生活。
◎ 大驱逐：婴儿在出生时为什么还非常不成熟。
◎ 为什么婴儿想要、需要第四妊娠期。
◎ 缺失的第四妊娠期：肠绞痛的真实原因。

为什么会有缺失的第四妊娠期

如果肠绞痛的根本原因不是肠胃问题、妈妈的焦虑、不成熟的大脑或天生的气质，那么究竟是什么让婴儿如此不安呢？

你知道盲人摸象的故事吗？

> 从前，村里生活着 4 个盲人。一天，他们听到孩子们在喊："村里有一头大象！"这 4 个盲人不知道大象是什么，但想知道人们为什么这么兴奋，就让别人领他们去摸一下。

> 第一个盲人走近大象，用手来回抚摸着象牙，他说："大象是一个

长长的、弯曲的东西，像矛！"第二个盲人抱住大象的腿，他大叫道："根本不是！这个东西粗粗的，是竖直的，像一棵树。"在他们争执时，第三个盲人摸到了大象的耳朵，把它比作树叶。最后一个盲人抓到了象鼻，他得意扬扬地宣布，他们都错了，这种动物像一条又粗又大的蛇。

这4个盲人都确信自己得到的是完整的信息，却没有考虑到自己只是感受了其中的一部分。

几百年来，想要解释肠绞痛的聪明人只聚焦于事实的某些部分。一些人听到婴儿肚子里叽里咕噜响，便认为胀气是问题所在；一些人看到婴儿痛苦地皱着脸，便认为原因一定在于疼痛；也有人注意到搂抱有帮助，便认为婴儿是在操纵父母。这些都像盲人摸象，只有当所有线索编织成一个概念时，肠绞痛的原因才会清晰：缺失的第四妊娠期。

前三个妊娠期：婴儿在子宫里幸福生活

认为孕育了9个月的胎儿已经准备好出生了是符合逻辑的，但实际上他们真的需要更多的时间。在子宫里的9个月，即前三个妊娠期，是胎儿发生复杂生理变化的时期。但是在出生后的几个月里，婴儿依然很不成熟，与子宫中类似的摇动、嘘声、搂抱和照顾对他们会很有益。直到他们成熟到会微笑，会"咿咿呀呀"，会互动，会吮吸手指，才能成为亲子关系中真正的伙伴。

新生儿很喜欢子宫中令人平静的感觉，但是新手妈妈要想做得正确就得知道子宫里是什么样的环境。

让我们进入子宫，想象胎儿在子宫中的生活。你是否看到了布满肌肉的子宫壁，以及在温热的羊水中飘荡的丝绸般的薄膜？那里有跳动的胎盘，就像24小时营业的餐馆，它连续不断地给胎儿提供食物与氧气。座上宾就是你宝贵的孩子，在这里，他可以免除饥饿，不受细菌、冷风、残暴的动物和吵闹的兄弟姐妹的侵扰。他有点像宇航员，又有点像人鱼，漂浮在温暖的液体中。

在这 9 个月里，胎儿飞速地发育。他的身体重量会增加到一开始的 10 亿倍，大脑的复杂性也会大大增加。9 个月大的时候，胎儿的大脑就容纳着 1 000 亿个神经细胞，数量大约和银河系中的星星一样多，而且每秒都会增加数百万个新的神经连接。

让我们聚焦于胎儿在子宫中的最后一个月。妈妈的子宫里已经很挤了，宝宝像一位小小的瑜伽修炼者，把自己折叠成椒盐卷饼的样子。与普遍存在的荒谬看法相反，他舒适的小天地既不是静止的，也不安静，而是摇晃又吵闹的。妈妈每走一步，胎儿都会跟着跳动，可以想象一下你小跑着下楼或参加运动课的情景，这时在胎盘动脉中快速流淌的血液会形成有节奏的喧嚣声，比吸尘器的声音还响。

令人惊讶的是，所有这些喧闹并不会让胎儿感到心烦意乱，相反，他觉得这令人安心，这就可以解释为什么很多未出生的胎儿白天能静静地待着，但晚上妈妈一躺下来，就会变得焦躁不安。

如果子宫里的生活如此理想，那为什么要在胎儿 9 个月大时就把他们生出来呢？毕竟有些动物，比如大象和鲸鱼，会把宝宝怀上 18 ~ 22 个月。

大驱逐：为什么婴儿尚未发育完全就要出生

母马会一直怀着小马，直到小马在出生的第一天就能奔跑。小马的个头很大，但依然能被轻松地生出来。

在远古时期，我们祖先的婴儿有比较小的头，他们会在子宫里待到身体足够强壮和成熟时再出来。新生的黑猩猩能在妈妈飞快地穿行于树林中时牢牢地抓住妈妈身上的毛。但是超级聪明的大脑越来越成为人类婴儿生存的关键，经过千百万年的演化，大自然把越来越多的新技能塞进未出生胎儿的大脑里，把它们塞得像条圣诞袜。最后，胎儿的头变得越来越大，如果足月出生便会被产道卡住，害死自己和他们的妈妈。

产道的限制本来会终结大脑的进一步发展，但以下 4 个演化上的改变使得胎儿的大脑能够继续增大。

1. **光滑的头**：胎儿发展出了光滑的皮肤、可以被压扁的耳朵、小小的下颚和鼻子，这样他们的大脑袋就不会被卡住了。在出生后的第一年，婴儿的下颚会迅速生长，以和脸部其他部位相匹配。他们的颅骨可以被挤压，在经过产道时，脑袋会被拉长成易于分娩的子弹形。

2. **可旋转的头部**：如果你想把很紧的戒指从手指上撸下来，或者想把瓶子里的软木塞取下来，你会一边拔一边转。与之类似，婴儿的大脑袋在经过产道时也会旋转，以免被卡住。

3. **没有多余东西的大脑**：久而久之，胎儿紧凑的大脑开始削减出生时不是绝对必要的部位。例如，胎儿的大脑省去了很大一部分负责平衡和协调能力的小脑以及大部分胶质细胞。我们的神经元就像电线，胶质细胞好比绝缘层，但新生儿省略了这个部分，所以会经常像大脑短路了一样抽搐，一惊一乍的。

4. **驱逐**：大脑袋的胎儿在不成熟时就会被赶出子宫，这样它就不太可能被卡在产道里。代代相传，大脑袋的婴儿会成长为更聪明的妈妈，她们发现了新的、更好的方法来保护被赶出子宫的宝宝，比如暖和的包裹或像背带一样的护理用具，这些都可以给宝宝如子宫般令人安心的感觉。

如今，即使发生了这些生理改变，产道依然极度拥挤。正如你知道的，子宫颈最多能打开 10 厘米。然而，婴儿头部的直径大约为 11.5 厘米。难怪助产士把产道称为火山带，而我们把分娩称为"生产"。

知
识
点
The Happiest
Baby on the Block

大脑袋的婴儿

请想象一下分娩一个 90 厘米长、36 千克重的新生儿。当然，分娩一个相当于成年人一半体重或身高的婴儿是很荒谬的。接着，想象分娩一个脑袋相当于成年人的脑袋一半大的新生儿。这听起来也很荒谬，但事实上，这样大小的脑袋对新生儿来说还算小的。新生儿脑袋的大小相当于成年人的 2/3！不过幸运的是，婴儿的脑袋是流线型的，可以被拉长，而且很光滑。

婴儿需要第四妊娠期

> 婴儿的眼睛、耳朵、鼻子、皮肤和肠道同时受到刺激时，那感觉就像一片巨大的嗡嗡作响。
>
> 威廉·詹姆斯（Willam James），
> 《心理学原理》（*The Principles of Psychology*）

注意： 生孩子曾经一直是妈妈极其英勇的行为，孩子和妈妈都会有生命危险，直到近代这种情况才有所改善。阿兹特克人非常尊敬分娩时死去的妇女，他们相信这些妈妈会像在战斗中牺牲的勇士一样，进入天堂的顶层。

第四妊娠期是婴儿非常想得到的生日礼物！

你会认为安静的婴儿房是为新生儿提供的完美环境，但从宝宝的角度来看，你的家一部分像混乱的拉斯维加斯赌场，另一部分像黑暗的箱子。

一出生，新体验就轰炸着婴儿的感官，光线、色彩、质地一片混乱地攻击着婴儿。他的身体内部有强烈、新鲜的感觉，比如胀气、饥渴。然而，伴随这一切的是房间里缺乏生机的一片沉寂。想象一下，在经历了子宫中四声道的、响亮的嘘声后，婴儿房对他来说显得多么陌生。

> 梅布尔有 4 个女儿，她认为肠绞痛是由电引起的，这引起了我的好奇。梅布尔说："我发现晚上当房间里灯光明亮时，孩子们会更兴奋，更难入睡。我认为现代文明用电灯人为地创造出了长长的'白天'，使孩子们误以为现在依然是'玩耍时间'。晚上，当我们调暗灯光或用蜡烛照明时，孩子们普遍会睡得更好。"

在出生后的最初几周里，婴儿用"关闭感官"来应对陌生的一切，他会睡很长时间。但是，当他开始觉察到这个世界时，就会变得不知所措：一部分因为混乱，另一部分因为不自然的安静。除非你整天抱着他，摇动他，给他喂奶，因为这些感觉复制了子宫中的环境，能激发他强有力的镇静反射。

爸爸妈妈对第四妊娠期的感受

> 婴儿一出生，脐带就被剪断了。但在那一刻，他其实依然是个胎儿，只不过是长大了一秒的胎儿。
>
> 彼得·法尔布（Peter Farb），
> 《人类》（Humankind）

第一次看见和触摸新生儿的感觉非常令人难忘。他天真无邪的目光、柔软的皮肤会俘获你的心。不过新生儿也会吓到你，他们看起来太脆弱了：软塌塌的脖子、奇怪的呼吸声和微微战栗的身体。

现在你和你不成熟的宝宝之间有一条虚拟的脐带，那就是你的耳朵和他的哭声，小家伙尖锐的哭喊声会把你召唤到他的身边。

　　"斯图尔特出生时，似乎还没准备好来到这个世界，"玛丽说，"我们不停地抱着他摇动，才能让他满足。我丈夫菲尔和我开玩笑说，他就像湿软的纸杯蛋糕，需要回炉再烤一会儿。"

玛丽和菲尔意识到，斯图尔特需要再多几个月的"子宫服务"。不过，做一个行走的子宫可不容易。一整天都要做像子宫一样的工作：搂抱、喂食、养育宝宝……可能到下午 5 点，你发现自己还穿着睡衣。另外，如果你的房间凌乱，没有回复电子邮件，脏盘子、脏碗成堆，也不要太自责。

尽管你很努力，但你的宝宝认为一天让你抱 12 个小时只是子宫的仿制品。如果婴儿能说话，那他会噘着嘴，不屑地说："你有什么好抱怨的？你以前 24 小时地抱着我，每秒都在喂我！"

奇怪的是，现在有很多爸爸妈妈被洗脑了，认为婴儿必须马上学会独立。他们对待婴儿的方式就好像他们是需要训练的大脑，而不是需要滋养的温柔心灵。

其他社会文化对婴儿的看法则不同。在印度尼西亚的巴厘岛，婴儿绝不会独自睡觉，最初 4 个月几乎不会离开成年人的怀抱。在婴儿出生后的第 105 天，成人们会举行神圣的仪式，欢迎婴儿成为人类的新成员。婴儿会被喂上人生的第一口水，人们用生鸡蛋揉搓他的手臂和腿，给予他活力与力量。直到那时，他的脚才可以接触大地。

并非巧合，在与巴厘岛类似的文化中，肠绞痛非常罕见，父母们很自然地给予了婴儿第四妊娠期的关怀。

小婴儿会被惯坏吗

关于任性的孩子，我们有以下两点共识。

1. 被惯坏的孩子很多。
2. 你不希望自己的孩子成为他们的一员。

但是，太留意新生儿的啼哭会让他变得喜欢指使人吗？

这个问题的答案是：绝对不会。

100 多年以前，父母们被警告不要溺爱他们的孩子，以免把他们养成不守规矩的讨厌孩子。1914 年美国联邦儿童局（U.S. Children's Bureau）发行的小册子严厉警告妈妈们，不要无意中教坏孩子，让他们以为通过哭可以得到想要的任何东西，以免婴儿变成"被宠坏的熊孩子，变成家里的暴君，不断提要求，把妈妈变成奴隶"。

婴儿一哭闹，你就俯身到婴儿床边，这很容易让人感觉被操纵了。但是请记住，在分娩时，你突然剥夺了孩子日常的生活状态：来回摇摆、包裹和有节奏的声音。一位妈妈开玩笑地说："难怪他们会哭。这就像戒毒，我们让新生儿马上戒掉在子宫中 7×24 小时的舒服搂抱。"

在生命最初的 4 个月里，我们不可能惯坏宝宝。印第安人传统上会一整天抱着婴儿，整晚给他们喂奶。这些婴儿长大后也成了勇敢、令人尊敬、独立的人。忽视宝宝的哭声不会让他变得独立，就像不给宝宝换脏尿布并不会让他的皮肤变得坚韧一样。

1972 年，约翰·霍普金斯大学的研究者西尔维娅·贝尔（Sylvia Bell）和玛丽·安斯沃思（Mary Ainsworth）发现，如果妈妈最初几个月温柔、快速地回应婴儿的需求，那么在 1 岁时的测试中，这些孩子会更镇定，更有耐心，更信任他人。贝尔和安斯沃思的研究成果成了"依恋关系"这个新领域的研究基础。

依恋心理学告诉我们，快速、充满爱地回应婴儿的啼哭是家庭观念的基础。当你的手臂搂抱着宝宝，或者温热的奶水令他满足时，你就是在告诉他："不要担心。你需要我的时候，我都会在。"这会建立起婴儿的信任感，这是他今后在人生中建立深厚的友谊和亲密关系的基础。

注意：9 个月后会出现很多需要你教给宝宝耐心和控制冲动的情境。"我知道你想拿刀玩，亲爱的，但是这很危险！看，这多危险！很锋利！"

大约在婴儿 9 个月大时，你才需要开始考虑溺爱的问题。在那之前，培养婴儿的信任感比促使他独立要重要一百倍。

缺失的第四妊娠期：肠绞痛的真正原因

没有比家更好的地方。

弗兰克·鲍姆（Frank Baum），
《绿野仙踪》（The Wizward of OZ）

在听信了几个世纪的错误传言之后，我们现在知道引起肠绞痛的真正原因是婴儿被剥夺了子宫中令人平静的环境。

你也许会问："如果是缺失的第四妊娠期导致了婴儿啼哭，那为什么不是所有的婴儿都会发生肠绞痛？"答案很简单：大多数婴儿气质温和，有良好的自我安抚能力，这有助于他们应对出生后的环境。尽管有时会受到过度刺激，有时刺激不足，但他们也能安抚自己。另外，同样的体验会让易激惹或状态控制不良的婴儿产生过度反应，这些婴儿非常需要令人安心的子宫般的感觉，以激发镇静反射。

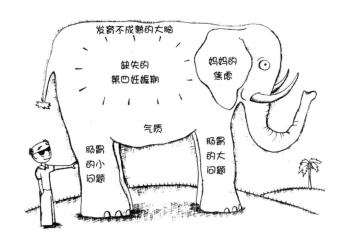

$$肠绞痛 = \frac{（过度刺激 + 完全安静）- 有节奏的安抚}{气质 + 大脑成熟度}$$

　　性格随和且具有良好状态控制能力的婴儿能应对出生后周围令人惊异的新世界。而易激惹且自我安抚能力差的婴儿会因为刺激太多、环境太安静或者缺乏子宫般的安抚节奏而发生肠绞痛。

注意： 对于科学爱好者来说，这里有一个等式，我认为这个等式很好地解释了引发肠绞痛的各种因素。

这就可以解释为什么运用5S法来安抚第四妊娠期的婴儿能让他们免于肠绞痛。

　　回顾现代的 5 种肠绞痛理论，你会明白为什么肠胃的小问题，比如胀气、胃结肠反射或食物过敏就能让易激惹的婴儿哭得声嘶力竭，身体上小小的不舒服就能让不善于自我安抚的婴儿突然崩溃了。

大自然的一切皆有原因。

亚里士多德

缺失的第四妊娠期是否解开了几个世纪年来的婴儿肠绞痛谜题？它能够解释以下所有这 10 个基本特征吗？让我们来看一看。

● 肠绞痛大约从婴儿出生后 2 周开始，8 周时最严重，大约 3 个月大时结束。

第四妊娠期完全符合这个特征。一开始，新生儿大部分时间都在睡觉，他们很少会受到过度的刺激或感觉刺激不足。2 周后，婴儿醒着的时间开始变长。气质温和的婴儿可以比较轻松地应对清醒时间的增加，以及由此带来的过度刺激和刺激不足；但敏感或易激惹的婴儿、不善于自我安抚的婴儿则会不知所措。这就可以解释为什么持续的哭闹会在 2 周后开始。

到 8 周大时，婴儿在承受极度混乱的环境或听到令人平静的节奏太少时，那些警觉的婴儿会开始大哭大闹。难怪尖声哭闹在这个阶段会达到顶峰。到 4 个月大时，所有的婴儿都会变得更善于自我安抚，比如通过"咿咿呀呀"、观察、大笑、吮吸手指、转身扭头等方式适应环境。等到你的小宝贝再成熟一些，即使给他较少的搂抱、摆动和嘘声也能让他保持平静。

● 早产儿出现肠绞痛的概率和足月儿一样，但一定会到日子才开始。

早产儿通常比较平静，即使处在嘈杂的重症监护室里也如此。他们还不太善于集中自己的注意力，但不成熟的大脑很擅长让他们保持睡眠状态。由于警觉的时间比较少，所以早产儿不太会受到过度刺激。直到预产期之后的 2 周，他们才会"醒过来"，他们的肠绞痛通常也是在这个时候开始的。

● **肠绞痛引起的啼哭来去都很突然，声音听起来像婴儿感到了疼痛。**

肠绞痛引起的哭声和婴儿疼痛时发出的哭声一样。不过，易激惹的宝宝常常会对无关紧要的小事，比如响声、打嗝等做出过度反应。他们就像烟雾警报，只是烤煳了面包这样的小问题就会令警铃大响。

乘车、响亮的白噪声或哺乳会让很多婴儿尖锐的啼哭停下来，这说明这些婴儿显然不是感到了疼痛。

● **哼唧和尖声哭闹常常发生在喂奶期间或刚喂完奶之后。**

喂奶期间或刚喂完奶就大哭的婴儿通常是对胃结肠反射反应过度了。当他们的胃被食物充满，结肠开始把粪便推向肛门时，肠道里会发生挤压。这种反射对大多数婴儿来说不是问题，但在晚上婴儿的耐心被耗尽时，这种肠道中的不适感会成为最后一根稻草，让婴儿变得歇斯底里。

胃结肠反射会持续一生，但 4 个月后，它便不会再引起婴儿的啼哭，因为随着婴儿长大，他们在面对过度刺激或刺激不足时会更善于自我安抚。

● **母乳喂养的宝宝和吃奶粉的宝宝出现肠绞痛的概率差不多。**

母乳喂养并不会影响外界过度刺激与刺激不足之间的平衡，也不会改变婴儿的气质或改善他们的状态控制能力。这就可以解释为什么吃母乳和吃奶粉的婴儿发生肠绞痛的概率相同，而且在第四妊娠期中播放令人平静的节奏对他们同样有益。

● **肠绞痛在傍晚时会加重：所谓的怪事总发生在晚上。**

就像有些幼儿在生日派对结束时会崩溃一样，婴儿在经历混乱后突然安静下来时，也会崩溃。到了晚上，脆弱的婴儿开始像一锅热布丁一样冒泡，除非妈妈给予他们令人安慰的第四妊娠期的感觉。

● **肠绞痛有可能发生在你的第 5 个孩子身上，也有可能发生在你的第 1 个孩子身上，与父母有无经验无关。**

你的前 4 个孩子在感受到大量刺激和沉寂时，或许可以保持平静，但第 5 个孩子可能拥有易激惹气质或具有糟糕的状态控制能力，如果不多搂抱他、多摇动他，他就会崩溃。

● **来回摇摆、搂抱和巨大的白噪声经常能让肠绞痛宝宝的哭闹暂时停下来。**

这些方法都是在模拟子宫环境，因此这个现象有力地证明了肠绞痛是由婴儿缺失的第四妊娠期引起的。4 个月大后，这些长大一些的婴儿对这类帮助的需求就会减少。

● **在不哭闹的时候，肠绞痛宝宝是健康、快乐的。**

如果肠绞痛的主要原因是婴儿难以应对过度刺激或刺激不足，那么哭闹的宝宝在忍无可忍之前，既健康又快乐是说得通的。

● **在有些文化中，肠绞痛很罕见，或者根本不存在。**

例如，博茨瓦纳昆申人（或称布须曼人）的婴儿患肠绞痛是非常罕见的。妈妈们会 24 小时抱着婴儿，经常给他们喂奶，不停地摇动他们。从本质上看，这些妈妈为宝宝模拟了几个月的子宫环境。

我希望你能相信，缺失的第四妊娠期是唯一符合 10 个肠绞痛基本特征的解释。但是，如果做得不对，模拟子宫环境的尝试可能会彻底失败。

在本书第二部分中，你会了解到完美地模拟子宫环境需要知道的一切，之后你就可以安抚哭闹的宝宝，改善宝宝的睡眠了。

THE
HAPPIEST
BABY
ON
THE
BLOCK

第二部分

宝宝不哭：
学习安抚婴儿的绝佳方法

06
被遗忘的第四妊娠期：
别再把孩子当小马驹
THE HAPPIEST BABY ON THE BLOCK

关键点

◎ 你的宝宝不是小马驹！
◎ 从出生 4 天到 4 个月，婴儿的发展是飞跃式的。
◎ 古代妈妈们的育儿智慧：她们的婴儿没有肠绞痛。

你的宝宝不是小马驹

　　想象一下，现在是清爽的春日，天空像珠宝一样明亮。昨天你刚诞下一个漂亮的男婴，生活从此改变。今天早上，护士把婴儿床推进你的病房，宝宝把头转向你，脸上绽放出灿烂的笑容。然后他跳出小床，跳进了你怀里。他的笑声能把你的心融化，他欢快地对你说："你是全世界最好的妈妈！"

　　哇！那该多有趣。但是，这一切只能发生在梦中。人类的婴儿在进入这个世界时，既脆弱又不成熟，但有些动物从出生第一天起就超级有才能。

　　例如，新生的小马驹第一天就能跑。这是简单的生存问题。如果不能逃离饿狼，小马驹就会丧命。这就可以解释为什么小马驹具有强壮的身体。在分娩时，它们的胸部和肩部通常刚刚能通过产道，而线条流畅的头部会毫无困难地娩出。

　　与之相反，人类婴儿生存的关键在于强大的大脑。胎儿又湿又软的身体一下子就出来了，但他们的头则完全是另一回事。在分娩时，胎儿的头就像一个相当重的瓜。在接下来的 3 个月里，它还会再长大 20%。

　　就像看着毛毛虫变成蝴蝶一样，看着你的宝宝从软软的小新生儿变成第四妊娠期结束时那个会笑、会互动的家庭成员，这是件非常美好、非常鼓舞人心的事。

从 4 天到 4 个月的惊人飞跃

　　奥德丽 2 个月大时，尿在了我身上，然后她突然就笑了。我欣喜若狂，我知道这听起来有些愚蠢。

德布拉，
两个孩子的妈妈

　　在产前课上，我经常让准爸爸、准妈妈们列出 4 天大的婴儿与 4 个月大的婴儿之间的区别。很多新手爸妈认为这是个愚蠢的问题，他们笑着说："这没多大差别！都是小婴儿。"但是有经验的爸爸妈妈通常会插话道："哦，我的天，你们根本不知道！"

　　新生儿很美好，但他们的能力非常有限。4 天大的婴儿只能"咿咿呀呀"，或转头看谁在说话。但 4 个月大的婴儿会甜美地微笑，闪亮的眼睛会发出像是在邀请一样的目光，还会与你分享一些乐趣。详情请见表 6-1。

　　在我们的生命中，很多个月就那样过去了，并没有什么改变。但是在生命最初的 4 个月里，婴儿会发生飞跃式的发展。

　　这些不同寻常的日子过得很快，快到超乎你的想象，而且它们一去不复返。所以好好享受搂抱着娇弱新生儿的经历吧，给予他们最后 3 个月像在子宫里那样的平静与安全感。

表 6-1	4 天大的婴儿与 4 个月大的婴儿的区别
4 天大的婴儿	**4 个月大的婴儿**

感觉能力

4 天大的婴儿	4 个月大的婴儿
◎ 聚焦于 20 ~ 30 厘米外的面孔	◎ 很快转头看你或发现声音来自什么地方
◎ 喜欢看红色的东西，以及明暗对比的图案	◎ 很容易分辨出你的面孔，开始注意陌生人
◎ 开始能分辨出你的气味和说话的声音	
◎ 容易关注房间另一端的人	

社交能力

4 天大的婴儿	4 个月大的婴儿
◎ 很有兴趣地看着你说话，但不想参与	◎ 等别人停止说话，他才开始"咿咿呀呀"
◎ 会被说话声、嘘声等声音吸引	◎ 偏爱人说话的声音，尤其是你的声音
◎ 盯着某人的面孔或近物	◎ 当你进入房间时，会显得很开心
◎ 努力模仿你的面部表情，比如吐舌头	◎ 当你微笑时，会咧嘴笑
◎ 平静地张望着空房间	◎ 喜欢陪伴，被忽视时会不高兴

运动能力

4 天大的婴儿	4 个月大的婴儿
◎ 经常斗鸡眼	◎ 不再斗鸡眼
◎ 目光追随缓慢移动的物体时，不平稳、不流畅	◎ 目光能够迅速、流畅地追踪在房间里运动的人和物
◎ 几乎没有伸手拿东西、触摸东西的能力	◎ 可以挥手，甚至摘掉大人的眼镜
◎ 把手放到嘴边很费力，很少能保持这个动作几秒以上	◎ 可以更好地吃手指，有时能持续一分钟或更长时间

生理特征

4 天大的婴儿	4 个月大的婴儿
◎ 手和脚有时会呈现乌紫色	◎ 除非冷，否则手脚不会变紫
◎ 打嗝、神经质的颤抖和不规律的呼吸，有时身体会抖动	◎ 很少打嗝，不再颤抖，呼吸变得平稳、规律
◎ 几乎没有抬头或翻身的能力	◎ 能够轻松地翻身，把头高高地抬离床垫

搂抱能使大脑更强大

加拿大麦吉尔大学的一项研究提出了"更多的搂抱会让动物更聪明"这一研究课题。研究者拿两组幼鼠进行了试验。一组幼鼠的妈妈很有爱,经常舔舐、轻触它们的幼崽;另一组幼鼠得到的关爱比较少。

当幼鼠长大,能够学习走迷宫和做谜题时,研究者发现,被多次搂抱过的那组格外聪明。在它们的大脑中,对学习至关重要的脑区里的连接十分丰富。

试验表明:搂抱能让幼鼠感觉很好,还能促进幼鼠大脑的发育。

古人关于第四妊娠期的智慧

还记得卢克·天行者是如何利用绝地武士被遗忘的力量而取得胜利的吗?在过去 50 年里,社会中很多严重的问题都可以用古人伟大的智慧来解决,比如练习瑜伽、锻炼身体、采取原始人的饮食法、循环再利用、吃有机食品等。

有些人认为古人的经验没什么价值,但现代人基本的生物性与远古时代的祖先有着深远的联系,在婴儿的问题上尤其如此。

虽然这听起来不可思议,但在大多数方面,人类现在的婴儿和 3 万年前的婴儿很相似。我们不可能回到古代,但通过研究原始部落的育儿法,便可以进行虚拟的"时间旅行",更好地了解史前的妈妈们如何安抚她们的宝宝。

来自昆申人的经验

自古以来，昆申人生活在卡拉哈里沙漠与世隔绝的盆地中。然而，在过去 50 年里，昆申人开始允许科学家研究他们的生活，包括他们如何照看婴儿。

科学家们的研究报告特别有趣，因为昆申人的婴儿几乎不哭。

昆申人的婴儿像美国人的婴儿一样，有很多闹脾气的时候，但他们的爸爸妈妈非常有技巧，婴儿们发脾气的时间平均只持续 16 秒。在 90% 的情况下，他们的啼哭会在不到 1 分钟内结束。

昆申人的婴儿在物质方面可能是匮乏的，但

注意：不要被"原始"这个词误导。你可能会由此想到落后的文化，但这些人生活在复杂的社会中，拥有我们所不知道的智慧，比如一些罕见植物的药用价值，如何在沙漠中找到水，以及如何避免肠绞痛！

相比起来，美国人的婴儿在母爱方面是缺乏的，因为他们缺少长时间的搂抱。对这些非洲妈妈的详细研究显示，她们在育儿方面的惊人成功有以下3大基础。

1. 她们几乎一天 24 小时地抱着婴儿。

2. 她们 24 小时不间断地哺乳。

3. 她们会立即回应婴儿的啼哭，通常不超过 10 秒。

白天，昆申部落的妈妈们用皮背带背着她们的婴儿，晚上和婴儿一起睡觉。这种亲近使她们可以快速用哺乳来回应婴儿的哭闹，她们一天里哺乳多达 100 次。这样的"纵容"把婴儿惯坏了吗？并没有。尽管立即得到了妈妈大量的关注，但昆申人的婴儿依然长成了快乐而独立的人。

科学研究为第四妊娠期指明了出路

模拟子宫环境能够安抚婴儿的肠绞痛，不是被西方文化忽视的唯一的古老智慧。在过去 60 年里，科学研究者挽救了现代人类的一项濒临灭绝的古老技能：哺乳。

在婴儿刚出生的几天，他的吮吸会让妈妈的乳汁神奇地开始流淌。这种香甜、有营养、易消化的食物可以满足婴儿的需求，能提供类似子宫中的稳定的营养。

在 20 世纪最初的 10 年里，美国的很多妈妈对自己的乳房失去了信心。经过数百万年的发展，母乳成为婴儿完美的食物，但它被大批量生产的配方奶粉排挤到了一边。奶粉被商家宣传得和母乳一样健康，而且更卫生。医生们受配方奶粉的诱导，相信来自化学家的配方奶粉胜过母乳。

越来越多的新手妈妈会使用药物让奶水断绝。到了 20 世纪 50 年代，少数想用母乳喂养宝宝的妈妈常常会感到失败，因为她们缺乏经验，也没有专业的指导。到 20 世纪 60 年代，母乳喂养在美国已经非常罕见了，这样做的女性会被认为是极端的、古怪的、思想倒退的。

这听起来令人难以置信，但在美国文化中，两代人几乎都失去了数百万年来维持人类生生不息的重要能力。幸亏，母乳喂养的新趋势让很多女性和男性再次坚定了起来。在他们的努力下，诸如国际母乳协会（La Leche League）这样的团体成立了，在那里会有专业人士接受训练，并将这种非常好的技能传授给新手妈妈。

最近几十年，采用母乳喂养的人越来越多，大量研究证明了它的独特益处。没有条件吃到母乳的婴儿可以吃配方奶粉，我们也很赞同。但如果妈妈可以哺乳，那母乳对婴儿是最好的。

研究显示，母乳能够提高婴儿的免疫力、避免肥胖、减少婴儿猝死综合征，甚至能降低女性患乳腺癌和卵巢癌的风险。如今，甚至连配方奶粉生产企业都建议女性先采用母乳喂养，等婴儿大些后再换成他们的产品。

07
镇静反射和 5S 法：
按下宝宝的哭闹 "关闭键"

THE HAPPIEST BABY ON THE BLOCK

关键点

◎ 新生儿有很多天生的行为和技能，我们称其为反射。
◎ 镇静反射：婴儿天生的哭闹 "关闭键"。
◎ 5S 法：如何模拟子宫环境，激发镇静反射。

　　在照料非常爱哭闹的婴儿时，我曾经常常幻想在他的手臂下面有一个秘密按钮，只要按下就可以立即止住他的眼泪。我知道这听起来很不理智，但似乎确实有某种哭闹 "关闭键"，能够让大多数婴儿安静下来。

　　一旦了解了婴儿镇静反射的 "工作原理"，学习掌握这个 "关闭键" 就会比较容易。如果你的宝宝哭得很凶，你完全可以跳到第 8 章阅读，马上获得帮助，在情况可控后再回来读本章的内容。

反射：婴儿天生就掌握的技能

　　想象一下你会怎样教你的宝宝学习吮吸或排便？幸好你不需要这样做，因为新生儿在出生时大脑里预装了大约 70 种自动行为，即反射。反射是天生的，好处是它们无须习得，也不需要练习，就像眨眼和咳嗽一样。很多反射对婴儿非常重要，在出生的第一天，甚至在出生之前就存在。所有反射都有以下几个特点。

◎ **可靠**：每次医生敲击你的膝盖，测试膝跳反射时，你的小腿都会跳起来。你可以连续测试 100 次，几乎每次都会发生反射。

◎ **自动发生**：不需要你去想，反射就会发生。有些反射甚至发生在你睡觉的时候。

◎ **可由特定的触发因素和阈限启动**：这听起来似乎很专业，其实它的意思是只有特定的行为，并且只有在触发行为的力度足够强的时候，反射才会发生。换言之，正确地敲击膝盖，你百分之百会发生膝跳反射。但是如果敲击的位置高了一点儿或者力度弱了一点儿，低于阈限了，那么膝跳反射百分之百不会发生。

婴儿的大多数反射能够保证他们在最初几个月里安全并得到良好的哺育。其余的反射只是胎儿反射或残余反射，它们就像阑尾，可能对我们的祖先很有用，但如今已经没有价值了。

观看你的宝宝展示这些 "神奇的把戏" 会很有趣。以下列举了其中一些反射。

安全反射

安生反射可以让婴儿避免伤害，有时它会持续一生。

◎ **哭泣**。这是婴儿所有的安全反射之母！突然的痛苦会引发婴儿啼哭，而哭泣能启动妈妈的神经系统，让妈妈的心跳和脚步加快，赶紧去救她的宝宝。

◎ **打喷嚏。**成人通常认为这是宝宝着凉的迹象，但婴儿打喷嚏通常是因为他的小鼻子在试图喷出灰尘和黏液。

进食反射

从出生的那一刻起，进食反射就能帮助婴儿获得维持生命的奶水。

◎ **觅食反射。**触碰婴儿的嘴唇或他嘴巴旁边的脸颊，他的头便会转向触碰的位置，顺势张开嘴。觅食反射有助于婴儿在黑暗中找到并含住妈妈的乳头。如果触碰婴儿的脸颊，他没有反射，你也不必担心，因为觅食反射是一种聪明的反射，只有当婴儿饥饿时，这种反射才会启动。如果你触碰他的脸颊，什么都没发生，这可能说明他不需要吃奶。

◎ **吮吸和吞咽反射。**你是否给肚子里的胎儿拍过他练习吮吸大拇指的超声波照片？当你的宝宝找到乳头并含住后，他便会开始吮吸和吞咽，把奶水送到胃里。

残余反射

残余反射或许在出生前有用，也或许是祖先遗传下来的不那么重要的反射。

◎ **踏步反射。**当你用双手支撑着婴儿的腋窝，让他的身体稍稍前倾、脚底接触地板时，大概率会看到婴儿的一条腿突然伸直，另一条腿则会弯曲。在孕期的最后几个月，踏步反射有助于胎儿变换姿势，避免受压疼痛。

◎ **抓握反射**。把你的手指放到婴儿的掌心或脚心，用点力气按压，他通常会用手指或脚趾来抓握。这个看起来无足轻重的小把戏其实对灵长类动物的幼崽非常重要。当黑猩猩的妈妈在丛林里疾驰时，新生的小黑猩猩必须能抓牢妈妈的毛发。当心，宝宝有力的抓握会一把拽掉你的眼镜，或拽掉爸爸的一小撮胸毛。

◎ **莫罗反射**。这就是著名的"我在跌落"反射。当婴儿受惊时，比如出现巨大的噪声或者他的头突然后仰时就会激发这种反射。莫罗反射会使婴儿的双臂伸开，形成一个大大的拥抱，就好像他在试图抓住你。这个反射可能救过无数小猿猴的命，当它们掉落时，猿猴妈妈可以抓住它们伸出的手臂。

随着婴儿逐渐成熟，这些笨拙的古老反射会被遗忘，就像学步儿的破旧小毯子被扔在了一边。但在婴儿生命的早期，这些反射确实能救命。

除了这些反射，所有婴儿还具有一种很宝贵的反射：镇静反射。

镇静反射：婴儿天生的哭闹"关闭键"

随着我们的祖先移居到村庄里，他们不需要走很多路了，因此他们的婴儿被背着、被摇动的时间减少了。缺少了这些感觉，婴儿开始变得爱哭闹。几百年来，父母们误以为这种哭闹是由于脆弱的新生儿受到了过多的刺激。

这些妈妈误以为哭闹的婴儿需要更轻柔的摇摆、更温柔的歌声。这些充满爱的行动完全可以让平和的婴儿保持平静，但想要安抚尖声哭闹的婴儿则需要来回摇摆和响亮的白噪声。

记住，以上这些安抚方法的力度要超过一定的阈限才能激发镇静反射需要摇动出和子宫里一样响亮的"嘘声"。

有趣的是，人类演化出镇静反射能力最初不是为了安抚心烦意乱的婴儿，而很可能是为了安抚闹脾气的胎儿。

到处扭动的胎儿有可能会进入臀位，会在通过产道时被卡住。这会害死胎儿和妈妈！大自然真是有才，它创造的子宫环境会让胎儿在孕期最后2个月里进入轻微的恍惚状态，避免他们移动到危险的生产位置。

与大多数新生儿的反射一样，镇静反射在婴儿出生大约4个月后会逐渐消失。不过它会在我们的余生中留下一点痕迹，所以大海的声音、吊床的摇动感，以及被搂抱都能够让我们感到平静。对于大一些的婴儿、孩子和成年人来说，这些感觉的安抚作用不再是自动反射，而是习得的预期。较大的孩子和成年人当然喜欢拥抱和摇动，但婴儿是真真切切地需要它们。哭闹的婴儿尤其需要它们。

因此，如果你的宝宝在吃了奶、拍了嗝、换了尿布之后还是声嘶力竭地哭，把嗓子都哭哑了，那你不妨试着用这种"古老的"方法来安抚他。

聪明的爸爸妈妈发明了几十种让啼哭的婴儿安静下来的方法。以下是其中最好的10种方法，它们能模拟子宫的环境：

1. 搂抱；　　2. 舞动；　　3. 摇动；

4. 来回摇摆；　5. 包裹；　　6. 喂奶；

7. 白噪声；　　8. 唱歌；　　9. 安抚奶嘴；

10. 聪明摇篮。

几千年来，父母们运用了很多方法来安抚婴儿，但我们是历史上第一代认识到它们的作用原理的人，即 10 种方法激发了婴儿的镇静反射。这些安抚方法可以被概括为 5 类：包裹、侧卧 / 俯卧、嘘声、摇动和吮吸。其中聪明摇篮是最新研制出的一种婴儿床，能够根据婴儿的特定需求，对婴儿的哭闹做出智能的反应，提供适当的摇动和声音，激发婴儿的镇静反射。它可以安抚婴儿半夜的啼哭，显著改善睡眠。

5S 法：激发婴儿的镇静反射

> 应该有一条法律，规定把 5S 法印在每个新生儿的身份凭证手箍上。对于那些发了疯似的宝宝，5S 法在几秒内就能见效！
>
> 南希，
> 2 个月大宝宝的妈妈

在 20 世纪最初的 10 年里，育儿专家告诉妈妈们，如果宝宝哭闹得厉害，就（a）喂奶；（b）拍嗝；（c）换尿布；（d）检查安全别针是否开了[1]。如果这些措施都不能让宝宝安静下来，那宝宝应该是得了肠绞痛，接下来的 3 个月，谁都没法阻止他大哭。

令人吃惊的是，一个世纪后，有些医生依然会给出相同的建议。显然，全世界的妈妈都绝不会接受"宝宝一天内哭闹很多个小时是正常的"这一说法。

如果你有一个哭闹得很凶的新生儿，那你肯定不能接受医生给你的建议：什么都不做，只是等着。对父母来说，没有比安抚啼哭的婴儿更紧迫的事了。虽然安抚婴儿的啼哭是一种本能，但知道如何做却不是本能。幸

---

[1] 在尿不湿诞生前，人们会用安全别针把尿布固定在婴儿的衣服上。——编者注

运的是，这种技能很容易学会。

彼得是一位精力充沛的律师，也是泰德和艾米丽的爸爸。孩子出生时，他和妻子朱迪对照顾婴儿毫无经验。因此，在每个孩子出生后，我都会和他们一起重温第四妊娠期和 5S 法的技巧。几年后，彼得写道：

> 我是在 10 多年前了解到 5S 法的，但我依然记得很清楚，我喜欢把它教给我的朋友们！他们都像我一样，是大块头、笨手笨脚的男人。当他们用 5S 法抱起哭闹的宝宝，很快就能让宝宝安静下来时，他们会露出一脸吃惊的表情。我很喜欢看这样的表情！

5S 法能给予新手爸妈很大的成就感。

第 1 个 S 法：包裹，纯粹的"包裹欢喜感"

温暖、舒适地包裹婴儿是安抚他的基石，是让他快乐的第一步，至关重要。这就可以解释为什么从第比利斯到廷巴克图，几乎所有传统文化都会用襁褓来让婴儿保持快乐。

包裹模拟的是子宫里连续不断的接触感和紧紧的拥抱感。当然，肌肤接触对安抚婴儿也非常有效，但是当肌肤接触无法让婴儿停止哭闹时，包裹会创造奇迹。

爱哭闹的婴儿一开始往往会抗拒包裹，哭得更凶。但是不要以为这种挣扎意味着你的小家伙想要或需要解放双手，这么认为真是大错特错。哭闹的婴儿使劲挣脱毯子，是因为他们无法让自己停止乱挥胳膊。如果不包裹他们，他们的手臂就会乱挥乱打，受惊乱动的状态会使他们变得更加不安。

　　需要注意的是，仅仅是包裹并不总能让哭闹的婴儿安静下来，但可以帮助他们减少手脚乱挥乱踢，还可以帮助婴儿注意到接下来的这个 S 法，它将激发婴儿的镇静反射。

第 2 个 S 法：侧卧 / 俯卧，宝宝觉得最舒服的姿势

　　大多数婴儿很乐意平躺着，但他们一旦开始哭闹，这个姿势就会让他们有正在跌落的惊恐感，从感到受惊演变成疯狂地扭动和尖叫。

　　值得庆幸的是，把婴儿翻转成俯卧或侧卧的姿势，让他的脸微微朝下就可以在婴儿的大脑平衡中枢引发像待在子宫中一样的感觉。对有些婴儿来说，这非常有效，足以激发他们的镇静反射。

　　仰卧对婴儿来说是唯一安全的睡觉姿势。但可惜，这个姿势最不利于安抚发狂的婴儿。

第 3 个 S 法：嘘声，宝宝最喜欢的安抚声

　　响亮、刺耳的嘘声是婴儿喜欢的声音。这种声音类似血液流过胎盘和子宫时发出的"呼呼"声。在孕期的 9 个月里，这种响亮的声音一直伴随着胎儿。

　　对婴儿使用强烈的白噪声有点儿违背成人的直觉，但他们喜欢那种声音，因为它是镇静反射的有效触发因素。

　　对很多婴儿来说，白噪声是在第四妊娠期进行安抚的关键。哭闹声越响，有效安抚所需的嘘声就要越响。这就是很多育儿书推荐用吸尘器和吹风机的声音来缩短婴儿哭闹时间的原因。

　　马里安暂时把正在吃奶的饥饿宝宝放了下来，匆忙地为上班做准备。2周大的碧碧根本不理会妈妈的计划，毫无耐心地放声大哭。2分钟后，马里安去洗手间吹干头发，碧碧突然不哭了。马里安有点慌：小宝贝还好吗？她猛地拉开洗手间的门，看到宝贝女儿好好的，她松了口气。马里安一打开吹风机，碧碧立马就安静下来了。

　　马里安把她的重大发现告诉了自己的父母，但父母不支持她这样做，他们认为用这么响的声音安抚婴儿是危险的："那么吵，会让她疯掉的！"

　　不顾父母的担心，马里安依然用她的新"诀窍"来安抚碧碧，而且每次都能成功。只是父母不在旁边的时候马里安才能这么做。

第4个S法：摇动，和宝宝一起有节奏地来回摇摆

　　类似在子宫中一样的摇摆是全世界爸妈最常使用的安抚婴儿的方法。躺在平坦、静止的床上对我们来说很享受，但很多婴儿讨厌婴儿床。就像在海上航行了9个月后上岸的水手一样，婴儿不喜欢静止不动的新家。

注意： 为了让婴儿的尖声啼哭停止，刚开始的动作要剧烈一点，比如要快速、小幅地摇动。当宝宝安静下来后，轻柔的摇动就足以激发镇静反射。

　　在一些传统文化中，妈妈们一整天都会上下晃动她们的宝宝。很多妈妈把婴儿放在背带里，每走一步都是在安抚他们。在美国文化中，疲惫的爸爸妈妈会用婴儿摇椅、健身球、乘坐汽车、秋千和吊兜来安抚婴儿。

　　马克和艾玛带着两个孩子来到我的办公室。当我在给4岁的罗斯做检查时，2个月大的玛丽从深睡中惊醒，开始大哭。马克立即把她抱起来，开始左右摇晃，就好像一个节拍器。20秒后，玛丽的

眼神开始变得迷离，小小的身体软软地躺在他的怀里。接着，我们完成了检查，就好像玛丽从来没有啼哭过。

第 5 个 S 法：吮吸，蛋糕上的糖霜

吮吸是第 5 个 S 法，它非常有用！当妈妈把乳头或安抚奶嘴放到婴儿的嘴边时，他们会立刻安静下来。但是对大多数婴儿来说，吮吸相当于蛋糕上的糖霜，只有用其他 S 法让婴儿安静下来后，吮吸才能让他们进入深层的平静。

婴儿嘴里含着安抚奶嘴很难大声啼哭，但这并不是吮吸具有安抚作用的原因。安抚奶嘴能够激发镇静反射，母乳或奶瓶也能激发镇静反射，但后者能缓解饥饿，释放出令婴儿平静的内啡肽，这会让婴儿进入昏昏欲睡的放松状态。

你的宝宝不只是在享受 5S 法，他还会因此而变得平静，但前提是你必须做得正确。包裹得太紧，婴儿会更用力地挣扎；嘘声太轻柔，婴儿的啼哭会继续。当他安静下来后，继续用比较轻柔的嘘声，或者比较慢的节奏摇动，有助于婴儿保持镇静反射状态。

注意：虽然用硅胶做的安抚奶嘴很有帮助，但妈妈的乳头永远是第一选择。在有些文化中，妈妈们一天中的哺乳次数能多达 100 次。

前两个 S 法，即包裹和侧卧 / 俯卧，是先限制婴儿乱踢乱打，好让你开始安抚的过程。接下来两个 S 法，即嘘声和摇动，是在通过激发镇静反射来打破婴儿哭闹的循环。最后一个 S 法，即吮吸，可以保持镇静反射状态，引导婴儿进入更深层的放松状态。

就像学习任何新技能一样，练习会提高你驾驭 5S 法的能力。很多家庭对育儿任务进行了分配，妈妈负责喂奶，爸爸则成了襁褓之王和安抚专家。

在美国科罗拉多州博尔德市，公共健康护士把 5S 法课程的 DVD、我们录制的白噪声 CD 和一块包裹毯发给了 42 个有爱哭闹婴儿的家庭。几天之内，其中 41 个婴儿变得更容易安抚了，甚至有两个婴儿戒断了镇静药物。情况没有改善的一个婴儿最后被发现是耳朵感染了。经过治疗，5S 法对他也具有安抚作用。显而易见，5S 法无法治愈一切，如果你的孩子饿了或者耳朵疼，5S 法只能给予暂时的缓解。

有些人会怀疑："这有什么新鲜的吗？这些方法像山川一样古老。"是的，几个世纪以前，人们就知道这些方法，但之前人们从来不知道根源在于婴儿具有镇静反射。

注意：不仅爸爸妈妈们通过练习可以提高安抚能力，婴儿也是如此！经过一周的包裹，很多婴儿不再挣扎了，他们会伸直了小胳膊让你裹。其实当你把他们放到毯子上时，他们就开始安静了。就好像在说："嗨，我记得这个！我喜欢它！"

知识点 The Happiest Baby on the Block

5S 法可以挽救生命

如今美国和很多其他国家的公共卫生机构都在传授 5S 法。医生会出于两个主要原因推荐并指导父母使用这种方法：（a）它有助于父母获得信心，建立起与婴儿的依恋关系；（b）减少婴儿的哭闹，避免父母精疲力竭，这甚至能挽救生命，降低医疗成本。

许多科学研究证实了婴儿哭闹和父母的极度疲惫可能会引发以下情况。

◎ **儿童虐待：**导致每年至少有 1 500 例住院治疗病例，其中有 1 200 例脑损伤和 400 例死亡。

◎ **产后抑郁症：**累及 10% ~ 50% 的新手妈妈和很多新手爸爸。焦虑和抑郁会造成新手妈妈无法哺乳，还会导致事故、儿童忽视、长期服药甚至自杀。

◎ **不安全的睡眠行为**：每年造成 3 000 多例婴儿猝死综合征
和窒息死亡。

◎ **哺乳失败**：导致婴儿猝死综合征，婴儿健康水平下降，增
加了母亲患乳腺癌和卵巢癌的风险。

◎ **其他健康问题**：包括母亲吸烟、发生交通事故，过度治疗
胃酸反流，甚至会造成母亲肥胖。

婴儿对 5S 法反应延迟的原因

当我走进病房做检查时，奥吉像天使一样可爱地打着瞌睡。但当我打
开他的包裹，冷空气触及他的皮肤时，他开始大哭。我用微小力度的摇晃
和响亮的嘘声让他安静下来，但我一停下来，他又开始哭。然后我包裹好
他，把他挣扎的小身体翻成侧卧状态，摇动他，在他耳边发出刺耳的嘘
声。仅仅几秒，奥吉再次平静了。

然而，10 秒后，他的哭声再一次响起。

他是感到疼吗？他需要拍嗝吗？不，就像精疲力竭的拳击手试图从垫
子上站起来一样，他只是还没完全放弃最初的抗议。给他更多的摇动和嘘
声后，奥吉最终放弃了，他小小的身体终于放松了下来。

最初几次你对婴儿使用 5S 法时，他可能会忽视你，甚至哭得更凶。
你的宝宝可能需要一点时间来对 5S 法做出反应。

● **婴儿的大脑比较难换挡。**

哭闹和胡乱挥动胳膊让婴儿不成熟的大脑超负荷了，使他很难
摆脱自己的疯狂，没法注意你。你再坚持几分钟，5S 法通常会让
婴儿平静下来。

● **婴儿的大脑反应比较慢。**

婴儿大约 4 个月大时，当你在房间里走动时，他的视线会迅速地跟着你。但是在最初几个月，视觉信息从大脑的视觉中枢传递到肌肉控制中枢需要几秒的时间。

● **婴儿的大脑陷入了哭闹循环。**

5S 法能让你的宝宝平静下来，但 10 ~ 20 秒后他可能会再次爆发出哭声。那是因为苦恼的情绪依然在他的神经系统中循环，就像他的"小火山"爆发后还会有强烈的余震。如果哭闹持续了很长时间才结束，镇静反射才能把你的宝宝带入梦乡，对此你不要感到吃惊。

一旦掌握了这些技巧，应付婴儿哭闹甚至会变得有趣。当你变得擅长哺乳时，安抚饥饿引起的哭闹会是一件乐事。运用 5S 法快速安抚婴儿的啼哭能带给人满足感。

第1个S法：包裹

THE HAPPIEST BABY ON THE BLOCK

关键点

◎ 包裹是安抚的基石。

◎ 婴儿可能抗拒包裹，但没有这一步，下一个S法也会不管用。

◎ 关于包裹的6个错误观点。

◎ 完美的包裹：DUDU包裹法。

◎ 纠正4种常见的错误包裹法。

　　一天晚上，贝琪哭着打来电话："我的宝宝阿丽克丝大约6周时出现了肠绞痛。晚上，她几乎每个小时都会尖声哭闹。我尝试了各种方法，甚至尝试吃白水煮鸡肉，但什么都不管用。"

　　贝琪请我给她的宝宝开一点治疗胀气的药。我建议她在使用药物之前，试一试5S法，不过她表示怀疑。

　　"第一个晚上我没用5S法，我担心包裹会让阿丽克丝觉得不舒服，我还觉得那会弄疼她。但是经过无比糟糕的一晚后，我投降了。

　　"当我开始包裹阿丽克丝，使用医生提供的白噪声时，她的情况开始好转。第二天晚上，我甚至还没包裹完，她就睡着了，而且睡了 7 个小时！令我困惑的是，我能听到她的肚子在叽里咕噜地响，我知道她依然有胀气，但显然这不再让她感到痛苦了。"

包裹：安抚的基石

很多爸爸妈妈说，第一次尝试包裹时，宝宝的哭叫简直是场灾难。宝宝在挣扎，爸爸妈妈浑身冒汗，医院的护士则在一旁皱眉头。包裹那些正哭得发疯的婴儿让人觉得是错误的做法，感觉就像在强迫你可怜的宝贝做他们很讨厌的事情。但是我强烈建议你不要放弃。包裹宝宝，你才会有平静的一天和可以好好休息的晚上。

注意： 最初 10 次练习包裹婴儿时，要在婴儿平静时或睡着后练习，不要在他哭闹、剧烈扭动时练习。

为什么包裹这么有效？以下是包裹可以减少婴儿哭闹的 3 个原因。

● **可以带来甜蜜的接触。**

皮肤是最大的身体器官，触感也是最古老、最能够令人平静的感觉。

我们都知道触摸婴儿皮肤的感觉有多美妙，但对婴儿来说，触摸不只是美好的感觉，更是像奶水一样，能救命。事实上，有奶水喝，但从来没有得到过搂抱或抚触的婴儿会变得很虚弱，甚至会死亡。

包裹不仅能带来与用背带背着或肌肤相亲的搂抱相类似的体验，而且它有一个很大的优势，即使婴儿不在你的怀抱里，他也可以得到温柔的拥抱，这能让他感到安慰。

● **包裹可以防止情况发展到失控。**

包裹可以防止婴儿不小心打到自己，以免引起他更大的不安。在出生之前，胎儿的胳膊不会像风车一样乱挥。出生后没有柔软的子宫壁挡着他了，他会剧烈扭动，小小的不安很快会升级。你可以观察下，当被你的手臂环抱着时，你的小家伙有多安静。

● **包裹有助于婴儿注意到你的安抚。**

哭闹让婴儿觉得他们的脑袋被响亮的警报声充满了。每次抽动和惊跳都会再一次拉响警报。所有这些一连串的震惊和不安会引起混乱，让婴儿注意不到你在试图安慰他。

包裹能够减少这种分心，给婴儿提供安心的拥抱，就好像妈妈在说："好啦好啦，现在妈妈来了。"

知识点
The Happiest
Baby on the Block

关于包裹婴儿，让你吃惊的地方

关于包裹婴儿，人们普遍存在一个重大误解，那就是以为包裹可以让婴儿停止哭闹。实际上，包裹只是为安抚做准备，单单是包裹很少能激发镇静反射。事实上，刚被包裹起来时，很多婴儿会哭号得更凶。

这种挣扎会让你以为"宝宝讨厌被包裹，我希望双手自由，他一定也是"。但是认为宝宝想要的东西和你想要的一样，这个想法是错误的。你可能讨厌被包裹着，但你也不愿意在子宫里生活 9 个月，或者每顿饭都喝奶。

如果婴儿因为想要释放被包裹住的双手而哭闹，那安抚他们简直小菜一碟：永远不包裹他们就可以了。但是，你可能已经注意到了，当你的宝宝刚被从襁褓中释放出来，他的手臂就会"嘣"地弹起来，从而引起更多的尖声哭闹。

　　如果在你包裹宝宝时他有所挣扎，请不要失去信心。他的抗拒意味着"我失控了"，而不是"我讨厌这个"。

　　注意，很多父母发现，几周后，他们的宝宝就可以认识到包裹的感觉有多美妙。当他们把宝宝放到毯子上，还没开始包裹时，宝宝就会伸直小胳膊。

其他时代和文化中的父母如何使用襁褓

> 我会消除你所有的眼泪、胎记、缺陷和尿床的烦恼。爱你的叔叔和舅舅。不要背叛你的出身。有悟性、有学识、谨慎持重。尊重你自己，要勇敢。
>
> 阿尔及利亚柏柏尔人（Berber）对婴儿的教导
> 碧翠斯·芬塔内尔（Beatrice Fontanel）等，
> 《婴儿赞歌》（Babies Celebrated）

　　几千年来，妈妈们都会用襁褓包裹婴儿。我们的祖先用毯子包裹他们，甚至用绳子和带子捆扎他们。襁褓是历史上使用最普遍的育儿工具。那是因为它具有以下 3 个优点。

1. **安全**：被包裹的婴儿不太可能扭动出妈妈的怀抱，从而摔到地上。
2. **简易**：当妈妈劳作时，婴儿可以被绑在她的背上或吊挂在她的臀部。
3. **令人平静**：婴儿会较少啼哭，这会让周围的人更快乐。

知识点　The Happiest Baby on the Block

历史上伟大的襁褓时刻

◎ 据历史记载，亚历山大大帝、恺撒大帝和耶稣在婴儿时期都被襁褓包裹过，也许乔治·华盛顿也是。

◎ 在中国西藏，婴儿总是被紧紧地包裹在毯子里。传统认为，只要用绳子把包裹捆紧，当一家人在崎岖的山路上跋涉时，挂在牦牛身体一侧的婴儿就会很安全。

◎ 在阿尔及利亚地势高且多风的平原上，婴儿常常被包裹着，人们认为这样可以避免恶鬼和疾病。

◎ 在中世纪，欧洲的父母们在婴儿 4 ~ 9 个月大时，会把他们厚厚地包裹着，让他们不能动弹。

◎ 很多印第安原住民部落会把婴儿紧紧地包住，吊在后背上。

包裹被解开：为什么妈妈们不再使用襁褓

在中世纪，欧洲人因为某些很不可思议的原因包裹他们的宝宝。襁褓很受欢迎，因为它能让婴儿温暖又安静，但更重要的是父母认为没有被包裹的婴儿会抠自己的眼睛，让胳膊脱臼或长成罗圈腿。

在 18 世纪的最初 10 年里，启蒙运动开始了，西方社会盛行着两种新理论：科学与民主。尽管这场运动很重要，但是它带来了两个错误的观念，直接导致接下来的 3 个世纪里，人们放弃了襁褓。

◎ **错误 1：包裹没有用。**在 18 世纪的最初 10 年里，科学家认识到没有被包裹的婴儿不会抠自己的眼睛，也不会让自己的胳膊脱臼或者长成罗圈腿。通过这些观察，他们错误地认定用襁褓包裹婴儿是愚蠢且不必要的。

◎ **错误 2：婴儿需要自由。** 受《独立宣言》的影响，美国的父母希望孩子能自由地生活。他们认为既然任何动物都不会把幼子放在这种不自然的"束缚"中，那么襁褓就是婴儿的"监狱"，应该坚决摒弃。

100 多年来，西方的父母几乎放弃了包裹婴儿。但是随着爸爸妈妈们给婴儿"松绑"，尖声哭闹的婴儿数量激增了。

婴儿的尖声哭闹很快引出了第 3 个错误观念。对于肠绞痛发生率的增加，科学家得出结论说，这是因为婴儿感到疼痛，于是给婴儿服用 19 世纪最初 10 年里最好的两种止痛药：杜松子酒和鸦片。对于今天的我们来说，这简直令人难以置信，但哭闹的婴儿都被灌了这两种强效麻醉剂，直到 20 世纪 70 年代才结束这一荒谬做法。过去 40 年里，这些强效的药物被一系列镇静剂，比如苯巴比妥米那和安定药取代，还有抗痉挛剂，比如颠茄，以及治疗胃酸反流的药物。

关于包裹婴儿的 6 个误区

襁褓是很古老的育儿工具，如今在网络上你可以看到与之相关的 6 个常见误区。

误区 1：医学权威不鼓励包裹婴儿

美国儿科学会（The American Academy of Pediatrics）在其官方网站、出版的书，以及预防虐待儿童计划中都推荐使用襁褓包裹婴儿。实际上，美国儿科学会在关于减少婴儿猝死综合征的最新报告中指出："正确使用襁褓包裹可以有效地安抚婴儿，促进其睡眠。"

澳大利亚预防婴儿猝死综合征计划、婴儿猝死综合征与儿童组织（SIDS and Kids）、加拿大儿科学会（Canadian Pediatric Society）和国际髋关节发育不良研究所（International Hip Dysplasia Institute）也鼓励父母使用安全的襁褓包裹婴儿。

注意： 必须正确地包裹婴儿，避免裹得太厚太热，也不要让婴儿趴着睡，防止毯子松开，也不要将臀部包得太紧。

如今，在美国的医院、大学、各州和当地公共健康项目中，以及在其他几十个国家里，用襁褓包裹婴儿的方法得到了广泛推广。

误区 2：包裹会增加婴儿患猝死综合征的风险

实际上，澳大利亚最好的预防婴儿猝死综合征项目也建议包裹婴儿，直到他们长到 6 个月之后再松开包裹！

澳大利亚的一项研究发现，被包裹的婴儿如果趴着睡，出现婴儿猝死综合征的风险会升高，但只有当婴儿床里有枕头时才会这样。英国的一项研究报告称，被包裹的婴儿会更多地出现婴儿猝死综合征，但他们也发现很多猝死的婴儿也是因为睡在枕头上，而且几乎 30% 猝死的婴儿在出事前健康状况糟糕。

注意，任何婴儿，包括被包裹的和没有被包裹的，都不应该俯卧睡觉。如果你的宝宝被包裹着时还能翻滚，可以考虑以下 3 种预防措施。

1. **正确地包裹。** 包得太松，婴儿就容易翻滚。
2. **使用白噪声。** 当房间里很安静时，婴儿更容易扭动和翻滚。
3. **防止翻滚。** 询问医生有关使用聪明摇篮的事宜，或者在婴儿睡觉的时候，把他固定在完全放倒的婴儿秋千上。

误区 3：婴儿长到 2 个月就应该停止包裹

　　2 个月大其实是最不应该停止包裹的时候。有些医生担心被包裹的婴儿翻到俯卧姿势时，会没法把头抬起来，没法呼吸。但是正确的包裹会减少婴儿的扭动和翻滚，也可以防止婴儿翻到俯卧位从而引起婴儿猝死综合征。

　　2 ~ 4 个月大的婴儿最需要被包裹。这是婴儿哭闹和父母极度疲惫引起危险的高发期，这些危险包括儿童虐待、产后抑郁症、无法哺乳、母亲吸烟、车祸和婴儿猝死。

包裹能预防婴儿猝死综合征吗

　　许多婴儿都被包裹着，如果是包裹引起了婴儿猝死综合征，那么每年应该有数百例与襁褓包裹相关的猝死。但是一项从 2004 年持续到 2012 年的研究发现，被包裹的婴儿每年在睡觉中猝死的不到两个。大多数受害者是趴着睡的婴儿，或使用了体积大、不安全的床品。研究者说："襁褓中的婴儿突然意外死亡的情况很罕见。"

　　极低的婴儿猝死综合征发生率说明，包裹可能实际上预防了婴儿猝死综合征和窒息的发生。澳大利亚的医生还发现，被包裹的婴儿在仰卧时死于婴儿猝死综合征的可能性会降低 1/3，新西兰的研究也发现了类似的好处。

　　另一项为期 8 年的研究报告了与婴儿在沙发上睡觉有关的死亡情况。婴儿因为哭闹或吃奶，被妈妈抱到沙发上，然后妈妈睡着了，很多猝死事件由此引发。在 1 024 例死亡事故中，大多数婴儿不足 3 个月大。我相信，如果使用襁褓，婴儿会睡得更好，很多爸爸妈妈也不会在这么危险的地方睡着。

以下是包裹婴儿能够预防婴儿猝死综合征和窒息的最后 4 条证据。

1. **防止翻滚：** 襁褓包裹使婴儿很难翻身。这很重要，因为习惯仰卧睡觉的婴儿如果翻滚，发生婴儿猝死综合征的风险会增加 8 ～ 45 倍。

2. **减少不安全的睡眠习惯：** 襁褓包裹能够减少婴儿哭闹，因此妈妈们不太会尝试让婴儿趴着睡觉。这也减少了妈妈们把宝宝抱到自己床上睡觉的可能性。

3. **减少了妈妈吸烟的行为：** 婴儿哭闹会逼得妈妈重新开始吸烟，这会增加婴儿患猝死综合征的风险。

4. **促进母乳喂养：** 哺乳能使婴儿猝死综合征的风险降低 50%。襁褓包裹能减少婴儿哭闹，避免妈妈精疲力竭。哭闹的婴儿会导致有些女性放弃哺乳，因为她们会产生抑郁情绪或怀疑自己的母乳不够。

误区 4：襁褓包裹会影响喂奶

其实，包裹婴儿不仅不会影响喂奶，还能提高哺乳的成功率。

婴儿被包裹着时，更容易叼住乳头，而在哭闹时则很难做到。包裹还能降低妈妈患乳腺炎的可能性，因为这样做可以改善睡眠和喂奶的效率，而且不需要妈妈的饮食做出很大改变。因此，美国数百家母乳喂养诊所都在教授妈妈们 5S 法，以帮助新手妈妈和哺乳失败的妈妈成功哺乳。

美国疾病控制中心（U. S. Centers for Disease Control）对 3 万名哺乳期

的妈妈进行了研究，目的是了解女性为什么会早早放弃哺乳。第一个月就停止哺乳的妈妈通常是因为方法问题，比如乳头疼痛。第一个月之后停止哺乳的妈妈常常会说，宝宝不喜欢她们的奶水，或者担心她们的奶水不够。如果这些妈妈有更好的安抚婴儿的方法，她们或许会坚持哺乳。

尽管 5S 法具有显而易见的益处，但一些母乳倡导专家担心襁褓包裹和其他 S 法会妨碍哺乳。他们猜测这种方法会：（a）使婴儿处于惊恐状态；（b）导致妈妈忽视婴儿，而不是真正地抱着他们；（c）夜晚婴儿微微饥饿的信号会变弱，导致哺乳不足。

幸好，这些担忧都很容易反驳。

襁褓包裹并不会导致婴儿惊恐，实际上，这样做还会让不安的婴儿变得安静而警觉。研究还显示，包裹能略微减慢婴儿的心率，而惊恐会加快心率。

抱着婴儿，肌肤相亲是很美好的体验，但一些时刻除外：（a）睡觉时，这会很不安全；（b）搂抱已经不能安抚婴儿的哭闹时，这时襁褓包裹就成了救命稻草。

在出生后最初的几周里，婴儿每天需要吃 8 ~ 12 次奶，但这并不意味着他们晚上每两个小时就要吃一次奶。你的任务是满足宝宝的需求，同时保持自己的身心健康。只要你白天喂得足够多，晚上让宝宝连续睡 4 个小时不吃奶是完全没问题的。这样宝宝就可以每晚吃一到两次奶，而你也会更快乐、更健康，还能更好地哺乳。

误区 5：包裹会让婴儿太热

你绝对不想让宝宝太热。走运的是，一些研究显示，包裹并不会让婴儿太热，除非出现以下 3 种情况。

1. 包了太多层。

2. 房间太热。

3. 婴儿戴着帽子。

当然，无论婴儿是否被包裹着，你都不应该给他穿得太多，或者把房间弄得太热。你最好让房间保持在 20℃ ~ 22.2℃。不要给婴儿戴帽子，因为帽子有可能会滑落到他的脸上。

除了太热之外，太冷也会造成婴儿猝死。新西兰的一项研究发现，在过冷的房间里，没被包裹的婴儿猝死的可能性会增加 3 倍。

知识点
The Happiest
Baby on the Block

警告：别让宝宝变成热土豆

希拉里以为她的宝宝鲍勃需要让房间的温度像子宫里一样温暖，达到 37℃。这种想法真是过头了。

太热会造成婴儿烦躁不安、长痱子，还会增加发生婴儿猝死综合征的风险。

为了不把你的宝宝变成热土豆，请做以下这些事情。

◎ 检查宝宝的耳朵和脖子。如果他的耳朵又红又热，脖子在出汗，那说明宝宝太热了，需要给他少穿点或者给房间降温；如果宝宝的耳朵冰凉，那就需要给他多穿一点或者给房间升温。

◎ 不要用厚毛毯或好几层布包裹婴儿，不要给他戴帽子。

◎ 不要用电热毯或加热垫，这不仅会让婴儿太热，还会让他受到电磁辐射。

◎ 在热天，只给婴儿穿纸尿裤，用薄棉布包裹。在婴儿皮肤上撒玉米淀粉来吸收汗液，防止长痱子，不要用爽身粉。

误区 6：襁褓包裹会引起髋部问题

有些医生警告说，包裹会伤害婴儿的髋部。确实，使用古老的包裹方法会让婴儿的腿绷直，用毯子和绳子紧紧包裹有可能造成婴儿髋关节发育不良，以及成年后的髋关节炎症。但是，包裹得正确就不会有问题。

注意： 如果你的宝宝存在已知的髋部风险因素，比如臀位分娩、内外足、斜颈，或者医生给婴儿检查身体时，发现其髋部会发出"咔嗒、咔嗒"的声音，或者有髋关节发育不良的家族史，那么请咨询医生，你是否应该用 3 层尿布，或者保持婴儿髋部打开，从而保护他的髋关节。

走运的是，最近 10 年，尽管有数百万婴儿被包裹，但并没有髋关节问题增加的报告。美国顶尖的儿科专家、美国儿科学会、北美儿童矫形外科学会（Pediatric Orthopaedic Society of North America）和国际髋关节发育不良研究所都鼓励父母使用襁褓，但一定要用得正确。

包裹的关键不在于把婴儿的两条腿紧紧地包在一起，包得像根雪茄。有利于婴儿髋部健康的包裹方法是把胳膊包得很紧，但让膝盖可以弯曲，髋部可以轻松地弯曲和打开。下文讲解了一些安全的包裹方法。

知识点　The Happiest Baby on the Block

睡袋比襁褓更安全吗

一些护士认为睡袋比包裹毯更安全。他们担心毯子会松开，盖住婴儿的脸。

德国的一项研究发现，薄毯子不会增加婴儿猝死综合征的风险，但厚毯子和被子会使风险加倍。德国研究者还发现，只有在使用羽绒被的时候，被子盖住婴儿的头才是危险的。因为在 19 例婴儿猝死综合征中有 17 例是因为婴儿的头被厚毯子盖住了。为此，美国儿科学会允许使用薄的包裹物。

那么使用睡袋怎么样呢？英国的一项研究显示，使用睡袋能降低婴儿猝死的风险，但我依然表示担忧。因为使用睡袋的婴儿，小胳膊是自由的，那就可以挥舞了，这会导致他们更多地哭闹，睡眠减少。睡袋不能阻止婴儿挥舞他们的小胳膊，或者翻滚到危险的位置。有包裹翼的睡袋确实有风险，尽管包裹翼可以限制婴儿的手臂，但2014年的一项研究报告了8例用这种睡袋导致的婴儿死亡。

结论是，对于不会使用传统襁褓的爸爸妈妈来说，睡袋比较方便，但是可能不安全。而且随着婴儿逐渐长大，爸爸妈妈们需要买更大的睡袋，因此使用睡袋的成本最后会是襁褓的 2 ~ 6 倍。

知识点
The Happiest
Baby on the Block

襁褓包裹能防止妈妈产后抑郁吗

怀疑襁褓的包裹作用的人忽视了它的一个重要益处，即它能减少与严重哭闹和疲劳相关的问题，比如妈妈的产后抑郁。有10% ~ 50% 的新手妈妈会患上产后抑郁症。

布朗大学的医生报告称，如果婴儿患有肠绞痛，那么他们的妈妈有45% 的概率会患上中度到重度的产后抑郁症。她们的产后抑郁情况比孩子没有肠绞痛的妈妈严重10倍。波士顿一位儿科医生发现，婴儿每天连续哭上20分钟，女性患产后抑郁症的风险就会翻两番。

幸好，使用包裹，特别是和白噪声一起使用，能够减少婴儿哭闹，促进睡眠，预防妈妈产后抑郁的发生。因此，产后抑郁症的预防和治疗项目使用了包裹和其他几个S法。

注意，包裹还可以减少哭闹和疲劳引起的其他问题，比如儿童虐待，频繁看医生或看急诊，不必要地使用胃酸反流药物，与疲劳相关的车祸，以及妈妈和婴儿的肥胖等。

襁褓包裹东山再起

20 年前，我访问了意大利北部的一家医院。我向他们的新生儿科主任提到了缺失的第四妊娠期理论，而且说世界范围内的襁褓复兴运动已经开始了。这位主任耐心地听着，但我说完后，他拍着我的肩膀说："我很欣赏你的热情，但在意大利，我们认为婴儿需要自由的双手，以促进发育。我们已经好几代人都不再包裹婴儿了。"

正在这时，他的秘书跑来叫他去接电话。他一离开，护士长就靠近我，低声说："主任喜欢婴儿不被包裹着，但一天结束，当他离开后，我们会再把宝宝们包起来！"

3 个世纪以来，西方的很多爸爸妈妈们摒弃了襁褓。但是自从本书第一版出版以来，襁褓包裹突然大受欢迎。襁褓从很罕见的用品变成了规范用品，因为它确实有效。

知
识
点
The Happiest
Baby on the Block

为什么有些日托中心禁止包裹婴儿

美国州政府疯了！过去 3 年我们一直使用包裹和白噪声安抚婴儿，并发现婴儿的睡眠和学习质量有了惊人的改善。日托老师的理智程度和满意度也有了改善。

得克萨斯州禁止父母使用任何类型的毯子，除非有儿科医生的同意书。但是毯子又不会杀了婴儿，糟糕的监管和培训才会害死婴儿！

美国得克萨斯州艾比利尼市，
早期开端计划 (Early Head Start) 的老师

你已经知道襁褓包裹是多么有帮助，因此会吃惊于美国竟然有 3 个州：明尼苏达州、宾夕法尼亚州和得克萨斯州禁止日托中心使用包裹。

美国国家资源中心（National Resource Center）是为整个美国制定儿童养育规则的组织，他们在 2011 年发布了一份具有误导性的报告，称不恰当的包裹会造成婴儿过热、窒息和髋关节问题。

我很担心这种有瑕疵的政策会给婴儿带来更多的哭闹和死亡，因为这些政策会造成以下问题。

◎ 精疲力竭的照顾者会让哭闹的婴儿以不安全的姿势睡觉。

◎ 崩溃的父母会虐待他们的宝宝。

◎ 悲伤、绝望的妈妈会陷入抑郁。

◎ 在日托中心，未被包裹的婴儿会翻滚到俯卧姿势，增加猝死的风险。

DUDU 包裹法：一步一步学习包裹婴儿

安抚哭闹宝宝的第一步是给予他们舒适的拥抱，这也正是襁褓的作用。除此之外，襁褓还有其他的好处，它让你可以把宝宝放下，偷得一些空闲时间，放松放松，做顿饭，或者去趟卫生间。

2002 年，当这本书初次出版时，市面上根本没有可以用来包裹婴儿的毯子。我知道这听起来令人难以置信，但事实如此。我的诊所接待过的妈妈曾经需要自己缝制襁褓，而现在到处都可以买到襁褓。

尽管市面上每年会售出几百万条毯子，但很多爸爸妈妈从来没有学过如何正确地使用它们。这令我很担忧，因为不正确的包裹会让婴儿哭得更厉害，或者造成健康风险。幸好，安全地包裹婴儿不是一门高深的学问。一开始可能有点棘手，尤其是在宝宝挣扎不安的情况下。但是，尝试 5 ~ 10 次后，它就会

注意：在刚开始使用 DUDU 包裹法时，在宝宝平静或睡觉时进行练习会容易一些。

变得像换尿布一样简单。

包裹方法有很多，但我认为最好的方法是几年前我跟一位助产士学到的。这个方法包括 4 个步骤，我称之为 DUDU 包裹法。

准备阶段

◎ 把一张轻质棉毯放在床上，可以用一块边长约 1.2 米的正方形毯子，摆放成图示一样的角度，让一个角朝上。

◎ 首先把顶角向下折，使顶点大致位于毯子的中心。

◎ 然后把婴儿放在毯子上，让他的脖子正好位于上部的折边。

◎ 让婴儿的右胳膊伸直，放在体侧。如果他抗拒，你要耐心一点。经过一会儿温柔的按压，他的小胳膊会伸直的。

现在可以开始包裹了

1. 向下

让宝宝的右胳膊贴在体侧，在距离他右肩大约 10 厘米的位置拿起毯子，向对侧拉紧，塞到宝宝左侧屁股下面。

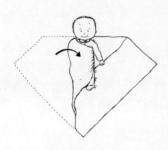

胸前看起来像 V 领毛衣一半的领口。接下来，拿起宝宝左肩旁边的毯子，向远离身体的方向拉紧，避免毯子有松垂的地方。

现在宝宝的右胳膊应该是伸直的，并且紧贴着体侧。

就像包裹是安抚的关键一样，第一个"向下"是包裹的关键。要包紧，否则整个包裹会散开。

注意，在你开始包裹宝宝时，如果他哭得更厉害了，你也不要感到奇怪。你并没有伤害他，他只是没有意识到只须几秒后，他就会变得很快乐。

2. 向上

现在把宝宝的左胳膊放在体侧，拿起毯子下方的角，拉上来，拉到婴儿左肩的位置，绕过肩膀，塞紧。同样要拉住宝宝肩膀旁边的毯子，向远离身体的方向拉紧，避免毯子有松垂的地方。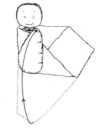

注意，宝宝腿周围的毯子应该是松的，但他的胳膊应该伸直并贴紧身体。弯曲的手臂会让宝宝扭动，让他哭得更凶。

3. 向下

在距离宝宝左肩10厘米左右的位置拿起毯子，向下拉，只向下拉一点点。这一小片下垂的毯子应该落到婴儿胸部的位置，构成V领的另一半。轻轻按压这一小片下垂的毯子，让它贴合在宝宝的胸部，就像你在鞠躬时按住胸前的绶带一样。

注意，不要折叠得太多，不要让折过来的部分垂到宝宝的脚部，只要到胸部就可以。

4. 向上

按住宝宝胸前折下来的毯子，拉起毯子最后空闲的一角，向外拉直，使毯子没有任何松垂。然后直接把毯子的这个角拉过婴儿的上臂，就像拉一条带子，这个动作要流畅。毯子要足够大，这样毯子的一角便能绕宝宝身体一圈。

然后，把它拉紧，塞在前面的"绶带"里。

注意，最后一步不是让宝宝变成一根直棍。他的胳膊会紧贴身体并保持伸直，但腿应该是松动的，膝盖处可以弯曲，髋部也可以打开。

如果你被包裹的步骤搞糊涂了，可以观看网络上包裹婴儿的视频。如果你仍觉得困难，那么市场上有很多事先做好的魔术贴襁褓或拉链襁褓供你使用。

用 5S 法关闭宝宝的"哭闹键"

我们来快速回顾一下 5S 法的步骤。注意，安抚宝宝就像和他跳舞，但领舞的是宝宝。使用 5S 法一开始要有力度，以符合宝宝的哭闹程度。然后，随着他逐渐安静下来，再降低强度。

● 第 1 个 S 法：包裹。

如果婴儿一开始抗拒、挣扎，不要担心。包裹可能不能马上让他停止哭闹，但会限制他乱挥乱打，这样他就会注意下一个 S 法，而第 2 个 S 法将激发他的镇静反射，引导他恢复平静。

● 第 2 个 S 法：侧卧／俯卧。

仰卧是唯一安全的睡觉姿势。但是婴儿越不安，越不高兴时，就越不喜欢仰卧。侧卧或俯卧能很快让他安静下来。对很多婴儿来说，这个简单的步骤在一分钟内就能奏效。

● 第3个S法：嘘声。

嘘声会神奇地让啼哭的婴儿感到平静。但是除非你发出的声音像他的哭声一样响亮，否则他甚至都不会注意到你的声音。模拟子宫里的声音或者隆隆的白噪声对保持婴儿平静、改善睡眠都很有帮助。

● 第4个S法：摇动。

有节奏地摇动能很快把婴儿从崩溃中拯救出来。用五指张开的手支撑婴儿的头部和颈部，快速、小幅度地来回摇动他的头。一旦他开始恍惚了，就把他的襁褓放进聪明摇篮或婴儿秋千中，继续这种催眠性的运动。在使用秋千之前，一定要征得医生的许可。使用时还要确保安全带在婴儿两腿之间，秋千被完全放平。

● 第5个S法：吮吸。

在用其他S法安抚了小家伙之后，再使用吮吸法，会达到最好的效果。你的乳房、手指、安抚奶嘴就像安抚蛋糕上的糖霜。你可以利用逆反心理让宝宝一直叼着安抚奶嘴：在他吮吸安抚奶嘴时，轻轻拉奶嘴，就好像要把它拔出来似的。

纠正常见的错误包裹法

包裹婴儿很简单，但你需要避免以下常见的错误。

错误 1：松垮垮的包裹

哈佛大学的一项研究发现，如果包裹松松的，婴儿其实会哭闹得更凶。

包裹的秘诀在于把宝宝的胳膊包紧，让宝宝膝盖和屁股部分的毯子松松的，这样他可以很容易地屈膝，分开双腿。

错误 2：让婴儿胳膊弯曲

有些专家坚持认为应该让婴儿的胳膊放在外面，这样他们可以吮吸自己的手指。但是包裹时让胳膊弯曲通常是个灾难！因为这会让婴儿的手可以乱动，会让他们哭得更厉害，包裹也更容易松开。

确实，在孕期的最后一两个月里，婴儿的胳膊通常是弯曲的。但是在出生后的两周里，他们的胳膊会自然地放松，在他们平静和睡觉的时候是伸直的，但在哭的时候，他们的胳膊会缩回弯曲的状态。

注意： 包裹早产儿时可以让他们弯着胳膊，直到他们足月。

错误 3：让毯子碰到脸

当毯子碰到饥饿婴儿的脸颊时，就会让他误以为那是乳房，从而引发觅食反射。当他没找到乳头时，会沮丧地大哭。因此要把包裹包成 V 领毛衣的样子，不要让毯子碰到婴儿的脸。

错误 4：毯子太小

小毯子容易弹开或散开。你使用的毯子应该足以把婴儿包裹一圈。

对于襁褓包裹，爸爸妈妈们常提出的问题

你能想象 10 年间会发生多么大的改变吗？ 2002 年，很多爷爷奶奶那辈的人总是担心包裹会剥夺宝宝的自由。现如今，许多人都觉得包裹对婴儿很有益。

爸爸妈妈们对包裹法的常见疑问

问：我应该什么时候开始包裹宝宝？

答：出生第一天就应该开始！这会让宝宝觉得像是"回家"了。当然，把宝宝放在你的胸口，肌肤相亲也很好。但是当肌肤接触不能安抚他时，或者当你困了，需要把他放下来时，襁褓会很有用。

问：所有的婴儿都需要包裹吗？

答：有些婴儿不包裹也会很平静，但即使是性格随和的婴儿，包裹后也会更平静，睡得更好。越是脾气不好的婴儿，包裹对他们越有益。襁褓包裹还能防止婴儿翻滚，让他们保持仰卧，从而降低婴儿猝死的风险。

问：襁褓能改善睡眠吗？

答：将宝宝包裹起来能防止惊跳，而惊跳会把宝宝从睡梦中惊醒。整晚播放隆隆响的白噪声能让宝宝睡得更好。

问：如果你从没包裹过宝宝，什么时候算为时已晚？

答：头 3 个月里，什么时候开始使用襁褓都可以。不过你要耐心点，在宝宝习惯使用它之前，你需要练习几次。

问：我的宝宝喜欢襁褓，但什么时候应该停止包裹？

答：在第四妊娠期里，包裹非常有意义。等到四五个月大后，大多

数婴儿就已经准备好"毕业"了。如果到那时你还没办法让宝宝习惯不包裹，那通常意味着你需要整晚使用更响亮的、低沉的白噪声。

问：一天应该包裹几个小时？

答：所有婴儿都需要时间伸展身体、洗澡和按摩。所以你可以只在宝宝睡觉和哭闹的时候包裹他。随着他慢慢长大，醒着的时间会增加，哭闹会减少，你也可以逐渐减少包裹的时间。

问：我怎么知道我是否包得太紧了？

答：把手指插进毯子和宝宝胸口之间，感觉应该像是孕末期松紧腰带的紧度。事实上，比过紧更严重的问题是过松，因为过松会让毯子散开，盖住婴儿的脸。

问：我怎么知道哭闹的宝宝是需要包裹还是需要吃奶？

答：以下有几种评估婴儿饥饿程度的方法。

◎ 触碰宝宝的嘴唇或面颊，看他的嘴是否会像等着吃虫子的小鸟一样张开。当婴儿饥饿时，他们会有强烈的觅食反射。

◎ 给宝宝吃安抚奶嘴，看他是会开心地吮吸几分钟，还是很快大哭起来。

◎ 喂奶时，如果宝宝真的饿了，会大口大口地吮吸、吞咽。

褓褛会让一些婴儿忽视轻微的饥饿感，一直睡着不醒。但是如果婴儿真的很饿，无论是否被包裹，他们都会大哭。

注意：在出生的最初两周，褓褛让有些婴儿非常想睡觉，甚至会漏掉一两次吃奶。因此每隔几个小时就要解开婴儿的包裹，给他喂奶。如果他拒绝醒过来，在他脸上和身体上用凉凉的湿布擦一擦会很有用。

问：我的宝宝会翻身了，是否应该不再包裹他？

答：如果被包裹的婴儿会翻身了，你要确保：（a）正确地包裹；（b）用足够大的毯子；（c）播放隆隆响的白噪声。这有助于婴儿睡得更安稳，减少他翻滚的可能性。

有些医生认为婴儿一旦能翻身就应该停止包裹。但这让我担心，因为未被包裹的婴儿更容易翻滚。如果你的宝宝虽然被包裹着，但依然能翻身，那么在征得医生的允许后，你可以把包裹的婴儿用安全带固定在完全放平的秋千上，或者使用有安全睡袋的聪明摇篮。

问：襁褓会造成肺炎吗？

答：一些研究显示，被包裹的婴儿呼吸正常，尽管稍微有点快，但在包裹时，他们具有正常的肺功能。土耳其有一项针对 186 名婴儿的研究显示，被包裹的婴儿会更多地发生肺部感染，但曾有一项对 1 000 多名被包裹婴儿的研究没有发现相关问题。

注意：婴儿在秋千里睡觉时如果坐得太直，头会垂下来，有窒息的危险。

问：有时候宝宝醒来时没被包裹着，毯子松松地挂在身上，这样安全吗？

答：研究显示，松垂的厚毯子和羽绒被容易造成婴儿窒息，但薄毯子没有危险。在一项为期 8 年的婴儿猝死综合征的研究综述中，没有一例是由散开的薄毯子造成的。尽管如此，你也不应该让毯子松松地包着宝宝，一定要正确地包裹。

问：护士告诉我，晚上应该让宝宝的双手自由，这样一来，在他们刚出现饥饿感觉的时候，就可以用吃手来安抚自己。是这样吗？

答：不尽然。襁褓会让婴儿忽略掉轻微的饥饿感，但当他真的很饿时，肯定会大哭着要奶吃。胎儿很容易吮吸到自己的手指，是因为子宫壁会把他们的手引至嘴边。但是在出生后的最初几个月里，婴儿缺乏让手指待在嘴里所需的协调能力。你可以让婴儿白天练习吃手指，但在晚上，最好把他们紧紧地包裹起来，给他们安抚奶嘴吃。

结论是，白天要多喂奶。如果宝宝生长得很好，每晚可以喂两次，这样你就可以连续睡 4 个小时，这对哺乳和你的心态会更有利。

问：我的宝宝能摆脱襁褓吗？

答：一天包裹 12 个小时不算过分，这其实比每天待在妈妈子宫里的时间少了一半。等到宝宝四五个月大，会笑了，能抬起自己的身体，甚至会翻滚时，他就不再需要襁褓来让自己保持平静了。这时候戒断襁褓会很容易。

问：包裹是否会妨碍宝宝了解世界？

答：事实上，当婴儿的胳膊不乱动时，他们会更容易注意周围。有了襁褓，婴儿就不会因为战栗和惊跳而分心，可以更好地了解周围的世界。

问：婴儿不是应该自由自在的，不能被绑起来吗？

答：自由很好，但自由伴随着责任。一旦婴儿可以安抚自己了，他们就赢得了不被包裹的权利。但是在出生后最初的三四个月里，如果没有舒适的襁褓，很多新生儿是没法应对这个陌生世界的。

爸爸妈妈的观点：来自战壕里的证言

襁褓能让所有的婴儿更平静，睡得更久。以下是一些例子。

索菲娅出生时吃奶有问题，护理师建议我使用特殊设备来辅助喂奶。于是我把一根小管子贴在我的乳房上，把管子连同我的乳头塞进索菲娅的嘴里。

大约 3 周后，索菲娅哭闹得越来越厉害。在喂奶时，她尖声啼哭，乱挥乱打，根本找不到乳头和管子的位置。虽然我很沮丧，但仍坚持这样喂奶。直到她长到 2 个月大，一天晚上，她的情况更糟了。她猛拽管子，弄伤了我的乳头。我发誓再也不这样喂奶了。

去医院检查时，我跟医生诉说了我的苦恼。医生说的一句话改变了一切，他说："别忘了襁褓。"一开始我们包裹过索菲娅，但几周后放弃了，因为她挣扎得很厉害。我们认为她讨厌襁褓，但我们误解了她的信号。

那天下午，我紧紧地包裹住她，试着不用管子给她喂奶。最不寻常的事情发生了：她安静、专注地吃奶，就好像从来都没有过这方面的问题！从那之后，给索菲娅喂奶变得轻而易举。她已经 3 个月大了，现在我们只在她睡觉的时候或哭闹很严重的时候包裹她。

——贝思和科林，索菲娅的妈妈和爸爸

克莱尔从出生后的第二天开始哇哇大哭。那根本不像小新生儿的尖声啼哭，而是真正的吼叫。才一天大的婴儿就能发出这么响亮的声音，这着实令我震惊。

就在这时，医生走进我的房间。他随意地走到婴儿床边，抱起克莱尔，把她像墨西哥卷一样包裹起来，然后把她放在自己的腿上，在克莱尔耳边发出响亮的嘘声。克莱尔几乎马上就安静了下来。我们很震惊！当我们学会如何包裹她以及如何发出嘘声后，克莱尔变成了世界上最心满意足的宝宝！

——勒妮和艾尔，3 个孩子的妈妈和爸爸

第2个S法：侧卧/俯卧

THE HAPPIEST BABY ON THE BLOCK

关键点

◎ 侧卧/俯卧会激发婴儿的镇静反射，关闭令人心烦的"哭闹键"。

◎ 婴儿背带：古老智慧的结晶和回归。

◎ 反向哺乳，以及其他搂抱宝宝的好方法。

当我抱起达格尔的女儿波比时，他专注地看着我。波比在哭，我把她的脸颊放在我的手掌里，翻转她的小身体，让她趴卧在我的胳膊上。波比的哭声戛然而止。然后我开始上下抖动她，就像汽车驶过鹅卵石路一般，大约两分钟后，波比安稳地睡着了。

后来达格尔告诉我："小时候我最喜欢的运动是橄榄球，我抱着橄榄球，就好像它是珍宝。如果没有看到你是怎么做的，我永远不会像抱橄榄球那样抱波比。现在我每天像抱橄榄球一样抱着她，我能把她哄得不哭，哄得睡着。"

在房地产行业，最关键的原则是位置、位置、位置。至于安抚婴儿，关键在于姿势、姿势、姿势。

你可能知道仰卧是婴儿睡觉时唯一安全的姿势，但你可知道仰卧也是最不利于安抚婴儿的姿势吗？大多数婴儿在情绪平和时，很乐意平躺着，但当他们发脾气时，就非常讨厌这个姿势。根据我的经验，大约 15% 的婴儿对姿势相当敏感，只要把他们翻成侧卧状态，或者让他们趴在你的肩膀上或前臂上，很快就能激发他们的镇静反射。

为什么侧卧和俯卧会让宝宝开心

在分娩之前，胎儿从来没有平躺过。他们在子宫里侧躺着，蜷缩着：低着头、脊柱弯曲、膝盖抵着妈妈的肚子。这种姿势会启动他们肌肉和内耳里的位置感受器，激发他们的镇静反射。即使是成年人，卷曲成胎儿的姿势也会让他们感到平静。在子宫中扭动剧烈的胎儿会把脐带绕到自己的脖子、手臂和腿上，这很危险。

注意： 有些婴儿对姿势非常敏感，稍稍从侧卧翻成仰卧姿势就会引发他们的惊跳反射。相反，稍稍从侧卧翻成俯卧姿势也会让他们变得平静。

以仰卧姿势抱起哭闹的宝宝就像是在一边安抚他，一边刺激他。因为哭闹的婴儿觉得仰卧不安全，那种感觉像是在坠落。这个姿势会让哭闹的婴儿张开手臂，更大声地啼哭。相反，把婴儿翻成侧卧或俯卧姿势能使他的位置感受器发出令人安心的信号，就像在说："不要担心，一切都会好的。"

知识点 The Happiest Baby on the Block

避免婴儿猝死综合征的睡姿

对于不高兴的宝宝来说，侧卧和俯卧就像曲奇饼和牛奶一样宜人。但是，当他离开你的怀抱时，应该始终让他平躺着。

美国儿科学会发起的仰睡运动（Back to Sleep）始于 1994 年，

它将婴儿猝死综合征的发生率减少了一半多。他们建议父母在婴儿出生后的最初几个月里，只允许婴儿仰卧睡觉。因为调查显示，80% 的婴儿猝死发生在最初 4 个月里，90% 发生在最初 6 个月里。

其他时代和文化中的父母如何运用侧卧和俯卧

因纽特人会用很深的兜帽做婴儿袋，来模拟子宫的环境。新生儿会感到很温暖，他们完全被埋藏在妈妈的衣服里，蜷缩成半月形。

碧翠斯·芬塔内尔等，
《婴儿赞歌》

世界上几乎没有哪里的父母会让婴儿仰面躺着，即使这样做，他们也会把婴儿放在弯曲的物体表面，而不是放在平面上。挂在树上或三角支架上的小毯子会形成一个弧形，把婴儿放进去后，他们的后背会像在子宫中那样弯曲，这种熟悉的姿势能让他们平静，有利于睡眠。

在大多数传统文化中，婴儿很多时候都被吊在照顾者的身体上。他们的妈妈、姐姐、姨妈、姑妈或邻居会用篮子和布单一天 24 小时地把他们悬挂在身体的不同部位。

◎ 格陵兰岛的拉普兰人会把婴儿放在摇篮里。婴儿卷曲着身体，被吊在驯鹿身体的一侧，而另一侧则挂一袋面粉来保持平衡。

◎ 喀拉哈里沙漠的昆申人整天用皮背巾背着他们的婴儿。他们让婴儿保持半坐的姿势，因为他们认为这个姿势有利于婴儿生长发育。

◎ 在印度尼西亚的某些地区，妈妈们从来不让婴儿完全伸直身体。在他们的文化中，平躺是可怕的象征死亡的姿势。产妇甚至得在分娩后的 40 天里坐着睡觉，因为据说恶鬼会猎食因生病或受伤而变得虚弱的人。这些地区的爸爸妈妈在婴儿睡觉时，会把他们包裹成坐姿，从房顶上悬吊下来，就像飘在空中的小佛爷。

◎ 在刚果共和国俾格米人的艾菲部落里，人们一整天都竖直抱着婴儿或者让婴儿卷曲在父母的怀里，即使睡觉时也是如此。但是这样做很费力，因此在出生后的最初几个月里，婴儿每小时会在亲戚、朋友间来回传抱大约 8 次。

知识点
The Happiest
Baby on the Block

婴儿背带和背巾：古老智慧的回归

使用婴儿背带的妈妈曾经被认为是过分讲究或有嬉皮士的做派，但现在我认为不用婴儿背带的妈妈很奇怪。

> 德布拉，
> 两个孩子的妈妈

婴儿背带和背巾是集接触、摇动和白噪声这些安抚功能于一体的好工具，可以让我们空出双手干其他事。我猜想这些布折叠成的小包是人类最早发明的"工具"之一。

尽管婴儿背带很实用，但几个世纪以来，西方文化摒弃了它。在 19 世纪初，妈妈手中推着婴儿车的样子被认为比肩膀上吊着婴儿的样子更优雅、更端庄。

1894 年，埃米特·霍尔特（Emmett Holt）警告妈妈们：不要婴儿一哭闹就把他们抱起来，不要摇着他们入睡，因为那会惯坏他们。

20 世纪 70 年代，用背带背着婴儿依然是反文化的古怪行为。但是在 20 世纪 80 年代，新的科学研究以及其他经过时间检验的方法，比如母乳喂养、练习瑜伽和吃有机食品复兴了，这波浪潮也促使父母们重新采用把婴儿随身带着的古老做法。

1986 年，加拿大蒙特利尔的研究者发现，每天把婴儿带在身上，比如抱在怀里或放在背带里 3 个小时，能减少婴儿 43% 的哭闹。可惜的是，只是将他们带在身上还不足以减少肠绞痛婴儿的啼哭。

长时间外出时，我们依然喜欢用婴儿推车。但是请你从婴儿的视角想象一下，坐在婴儿车里是什么样的感受：被卡在斗式座椅里，看不到你，触碰不到你，听不清你的声音。难怪婴儿喜欢背带，他们被包裹在背带里时，能充分感受你的温度、气味、动作、皮肤和声音。如今，婴儿背带已经从灭绝的边缘被拯救回来了。实际上，它很大程度上成了育儿文化的一部分，现在如果有妈妈或爸爸不背着他们的宝宝似乎就是奇怪的行为。

在购买背带时，需要避免以下几点风险。

◎ **不要太深**：你的宝宝坐在里面时，你应该能够看到他的脸。如果婴儿沉到背带的底部，有可能会导致窒息。

◎ **可以支撑后背和下巴**：如果婴儿的头向前倒，他会难以呼吸甚至啼哭求助。

◎ **防止跌落**：把你的小宝宝紧紧地塞在背带里，这样他就不会滑出来。

◎ **避免烫伤**：在你烹饪或靠近热源时，不要背着你的宝宝。

学习有效安抚的 3 种抱娃姿势

以下是 3 种用侧卧或俯卧的姿势来安抚婴儿的好方法。

姿势 1：反向哺乳抱

在摇动哭闹的婴儿，让他们安静下来时，我最喜欢用这种抱法。这种抱法既简单又舒服，可以很好地支撑婴儿的头部和颈部。

◎ 让你的宝宝平躺在襁褓里，把你的手掌
　放在他的臀部。
◎ 把他翻滚到你的前臂上，这样他的腹部
　会靠在你的胳膊上。你可以用上臂和肘
　部支撑着他的头和脖子，把他抱进怀中，
　让他的后背轻轻抵着你的胸部。

姿势 2：橄榄球式抱

用橄榄球式抱来安抚大哭的婴儿是最好的方法之一。这个姿势很像反向哺乳抱，只是婴儿的头会躺在你的手里。

◎ 让你的宝宝平躺着，如果他在哭闹，要
　包裹起来后再平躺。
◎ 把你的手放在宝宝的下巴处，将你的大
　拇指放在他一侧的面颊上，其他手指则
　捧着他的另一侧面颊和太阳穴，像下巴
　托一样支撑着婴儿的头。
◎ 轻轻把宝宝翻滚到你的前臂上，让他的
　胸部和腹部紧贴着你的手臂。让他的面
　颊贴着你的手掌和伸开的手指。他的腹股沟会靠近你的肘部，他
　的腿会跨在你手臂的两侧，悬垂着。

姿势 3：过肩抱

竖直地抱着婴儿往往具有很强的安抚作用。

◎ 把哭闹的婴儿举到你的肩膀上。

◎ 让婴儿的腹部抵在你的肩膀上，用肩膀承受他身体的重量。

额外的腹部接触让这种抱法具有双倍的安抚作用。你可以在把婴儿放到肩头之前先包裹他，这能使你更好地控制他。当你把婴儿从肩膀上抱下来，放进摇篮里时，包裹也有助于他保持睡着的状态。

你也可以尝试发现宝宝最喜欢的姿势，这是个很有趣的过程。

爸爸妈妈们对侧卧 / 俯卧姿势的常见疑问

问：当宝宝侧卧时，我应该把他的手放在哪里？

答：婴儿的胳膊应该放在他的身体两侧。即使被紧紧地包裹住，也应该留有足够的空间让婴儿的小臂和手向前弯一点，以找到他最舒服的位置。

问：如果我的宝宝侧卧，他的手臂会"麻木"吗？

答：不会。只有压着麻筋时，胳膊才会麻木。被包裹的婴儿永远不会压到这个部位。

问：如果婴儿缺失了第四妊娠期的子宫感，那么是不是应该让他们倒立着？

答：这是一个有趣的想法，但答案是"不应该"。子宫里充满了液体，胎儿其实是漂浮状态的，近乎失重。出生后，浮力消失了，倒立会给婴儿的脑袋带来太大的压力。

问：如果亲子同床，让婴儿侧卧可以吗？

答：当妈妈把婴儿抱到自己的床上后，婴儿在吃完奶后往往会侧卧着入睡。然而，这不是个好主意。研究显示，侧着睡的婴儿有比较高的猝死风险。他们很容易从侧卧翻成俯卧，而俯卧会增加婴儿窒息和猝死的风险。

爸爸妈妈的观点：来自战壕里的证言

当爸爸妈妈把坏脾气的宝宝放成他喜欢的姿势时，宝宝好开心啊！

克丽丝特尔和罗伯很困惑。在医院里，克丽丝特尔被告知，应该让他们的儿子马克斯仰卧睡觉，但克丽丝特尔的妈妈来看望她时，给出了相反的建议。"我们争论着什么姿势最适合宝宝睡觉。当他平躺着时，真的很难安定下来。我要拍他 15 ~ 20 分钟，他才会迷迷糊糊地睡去，即使如此，他依然会每 3 个小时就醒过来一次。"

我妈妈说应该让他趴着睡觉。我试了试，他趴着确实睡得更安稳，但我很担心他会停止呼吸。

"我和医生讨论过这个问题，他说有办法让马克斯既获得趴着睡时的安稳，又获得仰卧睡时的安全。这个方法就是襁褓。他建议在让马克斯平躺着睡觉之前，先把他包裹起来，手臂伸直并包紧。我很高兴，因为这可以让他像趴着睡时一样睡得香，同时也安全得多。"

第 3 个 S 法：嘘声

THE HAPPIEST BABY ON THE BLOCK

关键点

◎ 嘘声的故事：婴儿教给我们的安抚之法。

◎ 关于白噪声，4 个需要避免的错误。

◎ 完美的音高：为你的宝宝选择最好的催眠曲。

◎ 白噪声机会损伤婴儿的听力吗？

> 我年轻的丈夫抱着啼哭的宝宝来回踱步，娴熟地发出哄宝宝的嘘声。
>
> 伊丽莎·沃伦（Eliza Warren），
> 《我如何把孩子从婴儿养到结婚》（*How I Managed My Children from Infancy to Marriage*）

在当地医院查房时，我看到萨布丽娜和伊夫在安抚他们哭闹的新生宝宝。两人都是有技巧、有爱心的家长。伊夫紧紧地包裹好婴儿，让她侧躺着。萨布丽娜温柔地在婴儿耳边低语："没事了，没事了。"她甚至还用上了安抚奶嘴，但一切都没用。

我询问他们是否可以让我试着安抚他们的宝宝。萨布丽娜这样描述接下来发生的事情：

> 索利刚出生的头两天特别难哄。卡普医生来帮忙，他附下身，把脸贴近索利的耳朵，发出连续、刺耳的嘘声，声音持续了 10 秒。就这样，索利几乎马上停止了啼哭，在接下来的两个小时里都很平静。

当然，一段嘘声不能让婴儿永远保持平静，但它可以吸引索利的注意力，这样萨布丽娜其他的安抚方法才能发挥作用。

为什么嘘声能让婴儿如此平静

"轻点儿！宝宝在睡觉！"全世界无数的新手爸妈都会发出这样的警告。乍一看，这很合理，毕竟，我们觉得安静的房间更适宜休息。但婴儿不同：安静会让他们很不开心。几个小时的安静会把婴儿逼得大哭大闹。他们好像在恳求："快来人制造出点儿噪声吧！"

其实有些声音也能让成年人感到平静。我们发现，低沉、隆隆的噪声会让人感到平静和放松，比如雨水打在屋顶上的声音，树叶在风中发出的沙沙声，海浪起伏的声音。

安妮特家的趣事是，她经常用嘘声安抚她的宝宝肖恩，以至于她会叫他"嘘恩"。

我让南希和加里猜一猜他们的宝宝娜塔莉在子宫里听到的是什么声音，南希说可能是她的喊叫："嗨，加里，过来！"

南希只猜对了一部分。事实上，隆隆响的白噪声最接近子宫里的声音。胎儿也能听到妈妈说话的声音和其他外界的声音，但是这些声音都会经过嘈杂而连续的嘘声背景过滤后才被胎儿听到。

我们怎么知道胎儿听到了什么？在 20 世纪 70 年代早期，医生通过仪器把一个小话筒放进了女性的子宫里测量声音。他们发现，一股一股的血液流过动脉时，发出了"轰隆轰隆"的噪声。科学家测量出这种声音的强度为 75 ~ 92 分贝，比吸尘器还吵！

有些爸妈担心这样的轰鸣声会让婴儿崩溃，让他们哭闹得更厉害。有趣的是，尽管子宫里的声音特别响，但胎儿听到的其实没有那么吵。因为他们在羊水里，耳道被蜡状的胎儿皮脂堵着，而且他们的中耳里有液体，鼓膜又厚又硬。所有这些因素都减弱了他们实际听到的声音的强度。

想象一下，当婴儿从喧闹的四声道子宫里突然一下子来到窃窃低语的安静世界，以及沉寂的卧室，他们会多么震惊。他们不太好的听力会觉得你的家格外荒凉。图 10-1 是来自美国言语和语言听力协会（American Speech-language-Hearing Association）的数据。

注意：几周后，随着婴儿中耳里的液体逐渐消失，鼓膜变成可以随远处的噪声振动的薄膜，他们的听力会大大改善。

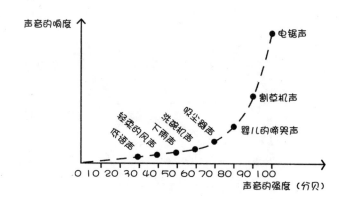

图 10-1　不同声音的等级图

其他时代和文化中的父母如何运用嘘声

小学老师是否对你发出过嘘声？1 000 多年来，人们用嘶嘶的嘘声来让别人安静。这是少数几个全世界都懂的词之一。

让人惊奇的是，嘘声的安抚作用可能是婴儿教给我们祖先的。在人类历史的早期，住在洞穴里的妈妈无意中对哭闹的婴儿发出嘘声，接下来的一幕让她们很吃惊、很开心：婴儿立即停止了哭泣。

那些生活在远古时代的妈妈有一次发现了这个窍门，她们可能迫不及待地和朋友分享了这个技巧。之后的 1 000 多年里，这个可以快速安抚宝宝的方法可能在世界各地的部落和村庄中不断被重复使用。

嘘声对安抚婴儿的啼哭非常有效，以至于它逐渐从一种声音发展为一个专有词汇。如今，很多语言的词汇表中都有 "shhhh" "ssss" "ch" 这类表示安静的词。甚至日语中请求安静的词 "shizukani" 也源自 "shhhh" 这个 "嘘" 声发音。以下列举了其中一部分：

◎ chup（乌尔都语）；

◎ chutee（塞尔维亚语）；

◎ tzrch（厄立特里亚语）；

◎ hush，silence（英语）；

◎ hushket（阿拉伯语）；

◎ sheket（希伯来语）；

◎ stille（德语）；

◎ shuu（越南语）；

◎ soos（亚美尼亚语）；

◎ teeshina（斯洛文尼亚语）；

◎ toosst（瑞典语）；

◎ chupraho（印地语）；

◎ shuh-shuh（汉语）；

◎ sessizlik（土耳其语）。

知识点　The Happiest Baby on the Block

嘘声的故事：婴儿教给我们的安抚声音

　　从美国到阿尔巴尼亚，妈妈们是什么时候第一次发现这种奇怪的声音能安抚婴儿的呢？我猜想很久很久以前，两个妈妈正在吃午饭，这时一个新生儿大哭起来。新生儿的妈妈俯身过去，尝试用响亮的叫声安抚他，因为她看到母牛就是这样安抚小牛的，但是新生儿还在哭。她的朋友问能不能试一试长

总会有比这个强点儿的办法啦。

辈一直在用的安抚诀窍。新生儿的妈妈把疯狂的"小霸王龙"递给
朋友，她吃惊地看到朋友在婴儿的耳边发出刺耳、响亮的嘘声，宝
宝突然不哭了，简直像施魔法一样。

学习如何正确地发出嘘声

护士经过葆拉的病房门口时，门猛地打开了，走出来一位疲惫的爸
爸，推着一个婴儿床，床上躺着一个涨红着脸、尖声啼哭的婴儿。为了
安抚这个小女孩，护士俯下身，把脸靠近她，像破裂的蒸汽管一样发出
嘘声。

我相信护士再"嘘"一会儿，婴儿会安静下来的。但小女孩的爸爸一
把将婴儿床拽过来，推走了。爸爸对护士怒目而视，脱口说道："你怎么
敢让我女儿闭嘴！"

护士当然不是在让新生儿闭嘴。不过那位爸爸的愤怒是可以理解的，
因为他不知道护士在跟婴儿讲"另一种语言"。

在成人的语言中，响亮的"嘘"是一种粗鲁的表达，意思是叫人"闭
嘴"。但是在婴儿的语言中，"嘘"声是所有婴儿都非常喜欢的美好问候。

以下是用嘘声安抚婴儿的绝佳方法。

◎ 当宝宝哭闹时，首先把你的嘴唇放在距离他耳朵大约 5 厘米的
地方。

◎ 噘起嘴，发出轻柔的嘘声。

◎ 提高嘘声的音量，直到和婴儿的哭声差不多响。不是轻柔或礼貌
的小嘘声，而是粗鲁、刺耳、持续的嘘声。尝试不同的音高，看
什么样的音高对婴儿效果最好。这或许让人感觉有点粗鲁，但

如果你的声音太小，婴儿就无法在自己的尖声啼哭中听到你的声音。

◎ 记住，安抚婴儿就像跳舞，不过是婴儿在领舞。当哭声减弱，他开始放松时，你的嘘声也应该降低一些。

用响亮的嘘声安抚婴儿只是第一步，持续发出中等响度的白噪声有助于避免他重新哭起来。记住，只在婴儿睡觉和哭闹期间使用白噪声。你的宝宝在过去9个月的孕育期里可是无时无刻不在听着这样的声音呢。

注意：教家里较大的孩子如何发出嘘声，参与照顾婴儿是很有趣的事情。当他们能像妈妈一样安抚弟弟妹妹的哭闹时，他们会感到很骄傲。

米拉和米卢高兴地发现，嘘声能很好地安抚双胞胎米沙和米哈伊洛。"没想到我们的宝宝会喜欢这种烦人的声音，他们哭得越响，竟然是想要我们越大声地发出嘘声。只有当他们开始安静下来时，我们才会减小音量。"

"发出嘘声会让我们很头晕。因此当这对小伙子需要较长时间的嘘声时，我们会播放事先下载好的声音，让我们虚弱的肺得以休息。"

关于使用白噪声，需要避免的3个错误

自然光是由不同颜色的光混合而成的，彩虹则是自然光发生散射作用，变回各种颜色的光而形成的。与之类似，白噪声也是由不同的声音混合而成的。

白噪声是安抚哭闹宝宝、改善宝宝睡眠的好工具。但是关于如何运用白噪声，则存在着一些常见的误解。

"我的宝宝睡得很好，他不需要白噪声"

即使对温和的婴儿来说，白噪声也是有效的。它会让宝宝的睡眠质量变得更好，还有助于避免让你的生活在照顾婴儿期间变得一团糟！

第四妊娠期结束后，婴儿的睡眠质量突然变糟是很常见的。那是因为：（a）婴儿的镇静反射消失了；（b）婴儿变得非常喜欢与人互动，半夜听到一点声音就会醒来；（c）他们逐渐拒绝使用襁褓；（d）他们在出牙。这4个因素都会导致婴儿的睡眠问题大量出现，就在你以为已经搞定一切时。

注意：不要整天使用白噪音。在白天，熟悉周围世界的声音能帮助你的孩子掌握各种有趣声音的细微差别，比如分辨说话声、音乐声的不同之处。

适当地使用白噪声有助于你避免这些问题。几周后，你的小宝宝会把这些白噪声和睡觉的快感联系起来："哦，我认识这种声音。现在我要美美地睡一觉了。"过了婴儿期之后，即使有外界干扰，比如电视声、卡车经过的声音，或是内部的干扰，比如出牙的疼痛、轻微的冷和饥饿感，他们也能睡着。

所有的白噪声都具有同样好的效果

人们说起白噪声时，就好像它只是一种东西。但其实存在两种白噪声，高音调白噪声和低音调白噪声，它们具有完全相反的作用。

高音调白噪声，比如警笛声、警报声、哔哔声、尖叫声刺耳、令人烦躁。这些声音能很好地吸引婴儿的注意力，安抚婴儿的哭闹，但对睡眠非常有害。

相反，低音调白噪声单调低沉，具有催眠作用，试着想一想汽车和飞机发出的单调的隆隆声，雨水落在屋顶上的声音，还有无聊的讲座。这些声音非常不利于吸引人的注意力，但用来哄睡棒极了。

有趣的是，子宫里的声音一开始是刺耳的、嘶嘶的，不过天鹅绒般柔软的子宫壁和婴儿周围的羊水过滤掉了高音调的频率，留下了低沉的隆隆声。

而且，连续的声音，比如吹风机的声音或雨水落在屋顶上的声音，比心跳声、海浪声和大自然的声音更有效。

注意：爸爸妈妈会本能地用音高适当的声音来安抚哭闹的婴儿。他们先发出响亮的嘘声，然后，随着小家伙停止哭闹，开始入睡，他们会逐渐降低音高和音量。

声音应该尽可能轻微

当婴儿大哭时，你首先必须激发他的镇静反射，其次必须保持镇静反射。

为了激发镇静反射，你要使用和哭声一样响亮的嘘声。吸尘器的声音大约有 75 分贝，吹风机的声音大约有 90 分贝，而你家宝宝的哭声会让它们都相形见绌！他大哭的声音能达到 100 分贝，甚至更高！那就像一台大功率割草机在距离他耳朵几厘米的位置轰鸣！难怪小声的嘘声很少能让婴儿的哭号停下来。婴儿哭得太响时，就听不见我们的嘘声了。

当爆发式的哭号声开始逐渐变小时，你可以播放淋浴喷头那么大响声的白噪声来维持镇静反射，保持在 65 ~ 70 分贝。我强烈推荐妈妈使用聪明摇篮，它可以在婴儿哭号爆发时自动提高音调，在婴儿安静时自动降低为低沉的嘘声。

完美的音高：为婴儿挑选合适的声音

发出连续的、响亮的嘘声会让你因为过度换气而头晕。所以，爸爸妈妈发明了很多可以满足婴儿需要的白噪声制造方法。

一些亚马孙河流域的印第安人喜欢用猴子骨头装饰婴儿背带，随着妈妈的走动，骨头会发出有节奏的"咔嗒、咔嗒"声。美国文化中的爸爸妈妈没有猴子骨头，但他们有几十种能发生替代声音的工具，包括排气风扇、白噪声、发出白噪声的摇篮、嗡嗡响的摇篮，以及最危险、最昂贵、最具污染性的声音机器：汽车。

注意： 聪明摇篮制造的白噪音是专门设计的，有些声音音调高，非常适合安抚因肠绞痛哭闹的婴儿。有些声音过滤掉了"嘶嘶"声，放大了低沉的隆隆声，这非常有利于哄睡。

爸爸妈妈最好自己想一想选择什么声音比较适合，因为大多数白噪声机、白噪声应用软件和下载的声音都太刺耳，会破坏婴儿和父母的睡眠，尤其是通过尖细刺耳的音箱或电脑扬声器播放这些声音时。

以下是有助于你制造出完美嘘声的几条建议。

◎ 测量声音强度。在手机上下载声音分贝计，在婴儿的耳边测量声音强度。安抚婴儿的尖声哭闹时需要 80 ~ 90 分贝的声音，睡觉时则需要 65 分贝的声音。

◎ 汽车里的白噪声对安抚婴儿哭闹非常有效。旅行可以很好地改善婴儿睡眠，尽管有令人分心的新景象、新声音和新气味，但在旅馆和亲戚家，婴儿会睡得很好。

◎ 至少在婴儿出生后的第一年里，他们所有的小睡和夜晚的睡眠都要使用白噪声，这有助于婴儿睡得更久、更香。

知识点
The Happiest
Baby on the Block

子宫里的声音听起来是怎样的

　　你想知道婴儿在子宫中听到了什么吗？试试这种方法：把水龙头开到最大，向浴缸里注水，注意此时声音有多响，是高音调的，还是低沉的隆隆声？当浴缸快满时，你进入浴缸，让水继续流。现在把头扎进水中。水声听起来是否更响了？你在水下听到的声音就类似胎儿在子宫中听到的低沉的隆隆声。难怪婴儿和疲惫的成年人伴着去除了"嘶嘶"声的白噪声都会睡得更好。

白噪声机会损伤婴儿的听力吗

　　2014 年，一项对声音机器的研究引发了大量有关白噪声的争论。研究者测试了专门为婴儿睡眠设计的 14 台声音机器。试验者将机器放在距离婴儿头部约 30 厘米的位置，把它们开到最大音量，测量有多少声音传到了婴儿耳中。实验发现有 3 台机器的声音超过了 85 分贝。

　　研究者警告说，如果以这种声音强度连续播放 8 个小时，85 分贝的噪声会超过安全标准，可能达到损伤听力的程度。他们建议：（a）把白噪声机放得尽量远；（b）以 50 分贝的强度播放；（c）婴儿入睡后就关闭。

　　这些建议似乎很符合逻辑，但我认为它们错了，甚至是危险的做法。白噪声能减少婴儿哭闹，改善婴儿和妈妈的睡眠质量，从而避免由这两个应激源引发的诸多可怕问题，比如产后抑郁症、婴儿猝死综合征和儿童虐待。但是只有声音足够响时，白噪声才有用。正如你从图 10-2 中看到的，50 分贝的白噪声对婴儿的睡眠根本毫无帮助。声音在达到 60 分贝或 65 分贝之前是无法改善婴儿睡眠的。

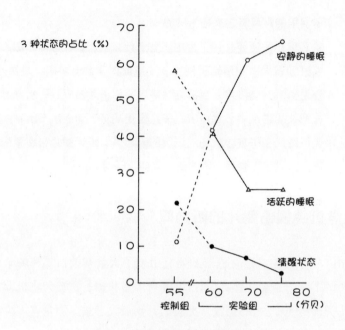

图 10-2 声音强度对婴儿睡眠的影响

不用说，当然不需要妈妈整晚在婴儿的耳边以最大音量播放白噪声。但是几分钟而不是几个小时的响亮嘘声对安抚宝宝哭闹特别有效。至于对婴儿听力的损伤，婴儿自己的哭声都比白噪声的强度大得多。这就是聪明摇篮很有用的原因，因为它会自动调节强度，满足婴儿不同阶段的需要。如果婴儿在哭，就多提供一些；如果婴儿在睡觉，就少提供一些。

注意： 当婴儿大哭时，就把强度提高到和他的哭声相当的水平，持续几分钟。在他入睡 5 ～ 10 分钟后，再把音量降低到淋浴声的强度，大约 65 分贝。

5 岁的特莎聪明、有趣、热情，像个小火箭。不过，在她出生的最初几周里，她没法控制自己的热情，在肠绞痛发作时，她会疯狂地大哭，就像刮起了飓风。她的妈妈和爸爸开始包裹她，抱着她到处走，载着她开很远的车，但是什么方法都平息不了她的哭闹。

一天下午，特莎伊芙开始大哭，但妈妈伊芙没法抱她，因为伊芙必须整理好房间，然后去公司。于是伊芙把大哭的特莎放进婴儿摇篮里，开始吸尘。奇怪的是，一打开吸尘器，特莎就安静了！

伊芙冲过去，发现特莎甜甜地睡着了，她的身体也完全放松了。特莎不是不顾吵闹地睡去的，而是因为吵闹声睡着的。

伊芙和丈夫开玩笑说，特莎接收到了来自"胡佛星"的神秘信息，因为他们家用的是胡佛牌的吸尘器。从那以后，每当特莎大哭时，她的爸爸妈妈就打开吸尘器，这种方法特别管用，以至于他们兴致勃勃地邀请朋友来观看吸尘器的奇效。

在特莎一岁之前，每当伊芙带着特莎去上班，她都会带上一台便携式吸尘器，好让特莎美美地睡一觉。

爸爸妈妈们对嘘声的常见疑问

问：我听说如果婴儿无法承受白噪声，他们就会关闭听觉神经。这是真的吗？

答：绝不是真的！白噪声不会让婴儿紧张，而是会安抚他们。白噪声能降低婴儿的心率，这正是压力减轻的表现。白噪声甚至能安抚因为抽血疼痛而大哭的婴儿。正如我在前文提到的，响亮的白噪声还没有婴儿自己 100 分贝的尖声大哭令人焦虑。

问：襁褓就能让我的宝宝睡得很好。他还需要白噪声吗？

答：需要。尽管你的宝宝情况很好，但白噪声依然有用：（a）它可以让婴儿睡得更好；（b）它可以防止婴儿第一年因生长太快、感到冷或出牙而引起的睡眠问题。

问：白噪声会损伤婴儿的听力吗？

答：只要你采取特定的预防措施，使用合理强度的白噪声，并且只在婴儿哭闹和睡觉时使用，就不会。研究发现，让幼鼠在相当于人类婴儿生命之初两年的一段时间内，持续地暴露在噪声中，并不会造成持久的听力损伤。这些幼鼠的听力分辨反应能力可能稍有延迟，但当研究者关掉噪声后，这个问题很快就消失了。虽然白噪声很好，但你的宝宝每天还是需要很多个小时不去听白噪声，这样他才能领悟你的声音和家里其他声音的区别。

问：婴儿会对白噪声上瘾吗？

答：如果你认为"上瘾"指的是婴儿越来越喜欢这种声音，想要整晚都听到它，那么持续不断地听到子宫里的声音已经让他上瘾了。即使一天播放 18 个小时，也比他在子宫里听到的少了很多。

请不要以为婴儿对这种声音"上瘾"会是个问题。毕竟，大多数人对床和枕头也很"上瘾"，但我们绝不会一直赖在床和枕头上。白噪声是很好的催眠曲，但你完全可以控制它。在想让婴儿戒断白噪声时，你可以很容易地做到。

问：哪种声音对安抚大哭大闹的婴儿最有效，心跳声、摇篮曲，还是嘘声？

答：一种常见的错误想法是，在子宫中，妈妈的心跳声能让胎儿平静。事实上，子宫离心脏很远，胎儿可能都没听见过妈妈的心跳声。

音乐能让婴儿和成年人感到放松，但对安抚尖声哭闹的婴儿不太有效。如果整晚播放音乐，音调的改变其实会干扰睡眠。到目前为止，安抚婴儿哭闹最好的声音是持续不断的、响亮的、模拟子宫中嘘声的白噪声。

问：可以使用手机上的白噪声 App 吗？

答：可以，也不可以。我对智能手机有两点担忧：（a）它们会发出
　　辐射；（b）手机扬声器太小，会发出刺耳的声音，又尖又高的
　　嘘声反而会干扰睡眠。可以尝试使用 CD 唱片或下载那些低沉
　　的隆隆声，用优质扬声器播放。也可以尝试聪明摇篮，它会根
　　据婴儿的需要自动调节白噪声的强度。如果你不得不用你的手
　　机，请确保它处于飞行模式。

问：我应该在什么时候让宝宝戒断白噪声？

答：有些爸爸妈妈认为，应该尽早让婴儿戒断白噪声。但是我建议
　　至少用到宝宝 1 岁后，它可以帮助你的小宝宝度过出牙和生长
　　突增的阶段。

问：如果嘘声用得太多，是否会失效？

答：你或许以为婴儿会厌倦这种声音，但他们不会。就像他们长期
　　爱吃奶一样，白噪声会是他们在婴儿期最喜欢的安抚声音。甚
　　至很多成年人都在用白噪声助眠。

爸爸妈妈的观点：来自战壕里的证言

发现不同的嘘声很好地体现了做父母的独创性。有些爸爸妈妈会有节奏
地发出声音，就像印第安人的祈雨舞"嗨……呵、呵、呵"；有些爸爸妈妈
甚至会模仿雾角发出的声音。以下是用白噪声让婴儿安静下来的一些例子。

帕特里克注意到鱼缸空气泵会让他的儿子钱斯安静下来。于是
他在儿子小床的两侧各安了一台空气泵。噪声和振动能让钱斯自己
安静下来并入睡。

当塔莉娅在超市里尖声大哭起来时，我把脸凑到她耳朵边，发出刺耳的嘘声，直到她平静下来。虽然看到我的人认为这个动作很粗鲁，但它可以让塔莉娅在几分钟里就不哭了。

一次在联邦快递的办公室里，塔莉娅又哭闹起来，我用相同的方法让她安静了下来。嘘声的效果这么好，以至于一位职员让我再演示一遍，她想分享给自己的女儿。因为她女儿有一对双胞胎，特别需要一种能哄他们不哭的方法。

——桑德拉和艾瑞克，两个孩子的妈妈和爸爸

我们给哭闹的女儿卡米尔打开收音机，但是我们不是要播放轻柔的音乐，而是转向了电台之间"嘶嘶啦啦"的噪声。我们注意到卡米尔不喜欢中波广播"噼噼啪啪"的噪声，但非常喜欢调频的噪声。只要把收音机打开到她最喜欢的空档，她的表情就会变得柔和，慢慢进入梦乡。

——海尔达和雨果，卡米尔的妈妈和爸爸

斯蒂夫和斯蒂芬妮 6 个月大的儿子查理只有在播放吹风机声音的 CD 时，才能安静地待在车里。过了 4 个月后，他突然就能忍受乘车时不播放白噪声 CD 了。

第 4 个 S 法：摇动

关键点

◎ 为什么摇动会让婴儿那么开心？

◎ 成功实施摇动的 3 个规则。

◎ 绝不要用力摇晃婴儿！啼哭和沮丧会引发悲剧。

◎ 适宜的摇动方式：果冻式轻摇、挡风玻璃雨刷式摆动、婴儿秋千。

◎ 充分利用摇动安抚婴儿的小建议。

◎ 摇篮曲：如果把摇动谱成音乐，听起来会是怎样的。

> 胎儿在子宫里的生活非常丰富，有着丰富的声音和噪声。子宫里通常
> 也会动，持续不断地动。当妈妈坐下、站立、走路、转身时，子宫里
> 都会动。
>
> 弗雷德里克·勒伯耶（Frederick Leboyer），
> 《充满爱的双手》（*Loving Hands*）

每天晚上，艾琳和哈罗德都会把肠绞痛的儿子扎克瑞抱进婴儿车，推着他来回碾过地上的一个低低的木头门槛。每次重复碾压，扎克瑞就会轻微地颠簸一下，就像汽车驶过减速带。哈罗德会让扎克瑞颠簸 100 次。如果扎克瑞颠了 100 次之后还哭闹，他会再颠100 次。

扎克瑞的弟弟纳撒尼尔喜欢另一种运动。艾琳把纳撒尼尔紧紧地贴着自己的身体，同时伴着滚石乐队的音乐跳舞。艾琳说："4个月里，我们每天晚上都会抱着纳撒尼尔跳几个小时的舞，客厅的地毯都要被我们跳坏了。"

为什么摇动会让婴儿那么开心

我们常常想到的五感有触觉、听觉、视觉、嗅觉、味觉，却会忘记重要的第六感。我说的第六感不是超感，而是古老而深沉的在空间中的运动感，它能让我们感到满足。坐摇椅或者为了安抚婴儿而来回摇动时，这种美好的感觉就会被开启。

有节奏地摇动是非常有效的安抚方式。当婴儿躺在婴儿车里上下颠簸，或者被爸爸妈妈抱着在房间里蹦蹦跳跳时，他们会非常开心。背带、秋千和健身球很适合这些小运动健将们。

但是为什么轻微的摇动能让我们很放松呢？因为这很像子宫中让我们走神并激发镇静反射的运动。

其他时代和文化中的父母如何运用摇动法

> 摇篮的摆动自然而令人愉悦……就像孩子在出生前习惯的摇动。
>
> 迈克尔·安德伍德（Michael Underwood），
> 《论儿童的疾病》（*Treatise on the Diseases of Children*）

自古以来，观察敏锐的爸爸妈妈们就发现了摇动对婴儿产生的奇妙作用。对于人类的祖先来说，用持续的动作来安抚婴儿是简单的事情，他们会把婴儿挂在身上，一天里走很长时间。

即使现代父母也发现，抱着婴儿的时候基本上不可能静止不动。你会不停地变换重心，轻拍他们的屁股，触碰他们的头，或者亲吻他们的耳朵。想象一下，相对于在你怀抱里被轻抚和摇动，固定不动的摇篮一定会让宝宝感到无比寂寞。

从大多数人的经历来看，把婴儿放在地上是危险的，因此聪明的爸爸妈妈们发明了背带和摇篮，这既能保护婴儿，又能解放妈妈的双手，还能给予婴儿安抚的摇动节奏。

内科医生索拉兰纳（Soranus）著于公元 200 年的《论妇科》（*Gynecology*），是世界上最古老的医学书籍之一。这位古罗马天才的一些建议经不起时间的检验，例如，他认为在肩上背着婴儿会损伤男婴的睾丸，使他变成阉人。但是他也有很多真知灼见，比如他建议把婴儿床吊在两块相对的岩石上，来回摇动它。这个观点激发了摇篮的发明。

如今在很多国家，婴儿依然处于不断的运动中。他们被固定在妈妈、姐姐的背上或家养牦牛的背上，每天上下颠簸、左右摇动。泰国的爸爸妈妈把婴儿放在从房顶上吊下来的篮子里，来回摇动；西欧地区的妈妈用类似毯子的吊床摇动婴儿；波斯女性坐在地上，伸出双腿，把婴儿放在两腿之间的凹槽里，向两侧转动脚跟，像人体节拍器一样摆动她们的宝宝。

然而在美国，爸爸妈妈们长期被警告，不要过多地理会婴儿。19 世纪初期，美国一流的儿科医生埃米特·霍尔特写道："不要和不到 6 个月大的婴儿玩。婴儿需要平和、安静的环境，避免过度刺激。"他担心父母会伤害婴儿脆弱的神经系统。到了 20 世纪 20 年代，人们不再讨论是否应该摇动婴儿的问题了。老实说，没人敢承认自己无法放弃摇动婴儿。

20 世纪 70 年代，随着妈妈们开始用背带背着她们的宝宝，霍尔特灌输的观念开始瓦解。如今，我们显然知道婴儿非常喜欢被抱着时的亲密感。把婴儿带在身上可以让你的温度、气味、碰触、声音和有节奏的摇动安抚他。

在怀孕后期，你会注意到，当你躺在床上和停止活动时，婴儿会变得最活跃。一位妈妈告诉我，她的胎儿每天晚上都在肚子里跳舞，她会来回轻拍自己鼓起的肚子来安抚他，就像在烙玉米粉薄饼。

对于安抚哭闹的婴儿，小幅的摇动比缓慢、大幅的摇摆更有效。当然，你的动作必须轻柔，手要始终托住婴儿的头和脖子。在子宫里时，他就一直在随着你走路、快速上下楼梯或跳尊巴舞而摇动。

以摇动制止哭闹

当萨瓦大哭大闹时，斯蒂夫和克里会抱着 4 周大的萨瓦坐在床边，双脚着地，以快速、急促的动作上下颠簸。

婴儿喜欢快速的上下颠簸。也许这就可以解释为什么我们把婴儿称为"蹦跳宝宝"，引申意义是"活泼的宝宝"。几个世纪以来，爸爸妈妈们发明了无数让啼哭的宝宝平静下来的方法。以下是最好用的 10 种。

1. 使用婴儿背带。

2. 抱着他跳舞，即快速、小幅地上下移动。

3. 有节奏地轻拍婴儿的背部或屁股。

4. 让婴儿在床的边缘蹦跳。

5. 在摇椅里摇摆婴儿。

6. 让婴儿乘车。

7. 荡婴儿秋千。

8. 让婴儿在健身球上蹦跳。

9. 抱着婴儿小步快走。

10. 让婴儿躺在摇动的聪明摇篮中。

知
识
点

The Happiest
Baby on the Block

额外的第 11 种方法：奶瓶摇法

大多数爸爸妈妈会对奶瓶摇法对安抚哭闹的婴儿如此管用而感到吃惊。

◎ 让婴儿坐在你的腿上。

◎ 把一只手放在婴儿的下巴下面，
就像头盔的扣带一样，另一只手
滑到婴儿的屁股下面。把婴儿的
身体向前倾，让他的头距离你的
身体 10 厘米左右，把他竖直举起
来离腿大约 30 厘米。

◎ 现在快速、小幅地上下摇动他，就
像你在摇奶瓶，每秒摇 2 ~ 3 次，
一次移动五六厘米。

这也是帮助婴儿打嗝和锻炼你手臂肌肉的好方法。

成功实施摇动的 3 个规则

觉得摇动没用的人肯定是摇得太慢了。

佩内洛普·里奇，
《实用育儿全书》

对于哭闹的婴儿，襁褓必须包紧，嘘声必须响亮，摇动必须有节奏！
成功实施摇动的规则有以下 3 个。

规则 1：起初要快速抖动

安抚哭闹的宝宝最好用小幅的颤抖性动作，来回不要超过 6 厘米。这样的摇动会激发婴儿的镇静反射。

注意： 在你摇动婴儿时让手松一些，这样婴儿的头会像盘子里的果冻一样颤动。把头紧紧地握住会阻碍激发镇静反射所需的抖动。

有些婴儿也喜欢类似自由落体的感觉，比如当爸爸妈妈抱着他们四下舞动时，突然下沉或弯腰的动作就会让他们开心。但是，如果你的宝宝很敏感，这个动作可能会让他更不安。

规则 2：头的摇动多于身体的摇动

微小的动作会启动婴儿内耳的运动检测器。这就是为什么能激发镇静反射的是头部的运动，而不是身体的运动。

规则 3：听宝宝的

你摇动的劲头应该与婴儿哭闹的劲头相匹配。轻柔的摇动适合放松的、睡着的婴儿；婴儿越是焦虑不安，你的摇动就需要越快速、越小幅。当他变得安静下来时，你的摇动也可以随之变慢。

约沃和米娜意识到他们必须听从宝宝的指挥："安抚马内最有效的方法是把他放在我们的肩膀上，快速、稍用力地拍他的后背。当他安静下来时，我们会逐渐降低拍的强度。"

像捶鼓一样捶婴儿听起来很过分，但大多数婴儿喜欢你这样做，这还能帮助婴儿打嗝。

摇动对婴儿有害吗

> 肯和丽萨对摇动他们的宝宝艾米丽有点不放心。他们担心那会让她吐出来，受到过度刺激，甚至损伤她的大脑。但是他们尝试了一下，感到很吃惊："我们担心摇动会太剧烈，但它简直像魔法，太有效了。"

有了几个孩子后，妈妈们会知道，上下颠簸能更快地让哭闹的婴儿安静下来。快速摇动当然比疲惫的爸爸开着车满城转悠更安全。

然而，很多第一次做父母的人觉得这种动作有违直觉，实在太剧烈了。"我知道这已经有几千年的历史了，但它是否有造成摇晃婴儿综合征的风险？"值得庆幸的是：没有，这样做没有造成摇晃婴儿综合征的风险。

摇晃和摇动之间有巨大的差异。摇晃是粗鲁的，非常暴力，会使婴儿的大脑来回碰撞颅骨坚硬的内壁，使小血管破裂，导致出血和脑损伤。

美国儿科学会的一篇报告写道："能导致摇晃婴儿综合征的摇晃是很暴力的，看到它的人都会认识到这很危险，有可能要了孩子的命。"

相反，摇动是安全的，因为以下两点原因。

1. 动作快，幅度小，来回之间只有五六厘米。大脑根本不会移动。
2. 婴儿的头部和颈部始终受到支撑，和身体在一条线上，不会发生身体向一个方向移动，头猛然移向另一个方向的情况。

绝对不要摇晃你的宝宝

> 弗兰克感到愤怒像一阵狂风一样席卷而过。儿子患有肠绞痛，

尖声哭号了几周之后，弗兰克火冒三丈，他一拳把门打破了。"我太累了，心情沮丧到了极点。"弗兰克几乎要崩溃了，"我从来没有伤害过我的儿子，但有生以来我第一次理解了，为什么会有爸爸妈妈被逼到绝望。"

当你疲惫、压力巨大时，婴儿不停地哭号会触发身体内在的红色警报，使你的心脏狂跳，神经系统猛地绷紧。如果疲惫、财务压力、家庭纷争等已经让你很崩溃了，那么无法安抚婴儿哭闹的沮丧感会让最有爱心的爸爸妈妈也陷入惊恐、愤怒和虐待儿童的深渊。以下事件发生在 2010 年的波士顿：

医务人员接到了一个 911 电话，他们赶到时发现一位父亲抱着他 6 个月大的孩子，孩子浑身青紫，软塌塌的。这个 31 岁的男子就职于美国一所著名的大学，他说自己试着用剧烈的摇动来安抚婴儿。可悲的是，孩子的大脑严重受损，不治身亡。这名男子因把孩子摇晃致死而受审。

注意： 在愤怒时不要摇晃你的宝宝！如果你快没耐心了，先把婴儿放下，休息休息，哪怕你的宝宝还在哭。如果你需要发泄压力，冲枕头大吼大叫或者用拳头猛击沙发都是不错的选择，然后给你的配偶、家人、朋友或市民热线打电话求助。

摇晃婴儿综合征也被称为虐待性头部外伤，美国每年有 1 000 多个婴儿发生这样的损伤，其中南加州地区的一所大学做了一项研究，他们估计摇晃婴儿综合征的发生率可能比实际统计的高 100 倍。受害婴儿的平均年龄为 3 个月，这种虐待会造成其中 25% 的孩子死亡，幸存者通常也会有持久的脑损伤。

一些报告认为，虐待的首要触发因素是婴儿

的啼哭。荷兰的一项研究发现，5% 的父母会因为婴儿啼哭而掌掴或摇晃他们。爱沙尼亚的一项研究报告称，在攻击发生前，父母们通常会和医生联系，寻求安抚婴儿过度哭闹的方法。

如今，美国公共健康计划会教授父母如何正确地使用 5S 法摇动婴儿，以预防儿童虐待。微微地摇动婴儿很安全，而且能很快安抚婴儿，避免爸爸妈妈变得无比绝望，以至于虐待自己的孩子。

果冻式轻摇

克莉丝蒂和约翰实在搞不懂他们的宝宝凯尔。有的晚上他们的宝宝会很乖，但有的晚上会哭号几个小时。在 5 周大的凯尔声嘶力竭地哭了几个小时后，克莉丝蒂最终打电话给我寻求帮助。

克莉丝蒂描述了周六晚上医生出诊时发生的情况：

> 就在门铃响之前，凯尔终于睡着了。我很担心医生会弄醒他，我差一点就请他走了。果然，他把冰凉的听诊器一放到凯尔的胸口，尖声啼哭立马再次响起。
>
> 医生对把凯尔弄醒一事表示很抱歉，他让我们放心，说凯尔是个健康的男孩，只是不太会自我安抚。医生把发了疯似的凯尔包裹起来，轻轻摇动。我们惊呆了，也就几分钟的时间，凯尔像天使一样安静地坐在他的膝盖上，刚才的尖声啼哭好像从未发生过。
>
> 约翰、我妈妈和我都当着医生的面立刻练习起这种安抚技巧，但当应该把凯尔重新放回小床上时，我们临阵退缩了，请求医生在离开之前再演示一遍。那天晚上凯尔睡得很好，但第二天晚上又很糟糕。

　　谢天谢地，我妈妈来救我们了。她把凯尔包裹起来，把他放在膝盖上，大声地发出嘘声，做着被我称为果冻式轻摇的动作。她的膝盖来回摆动，让凯尔的头在她松松地捧成杯形的双手之间颤动，就像盘子上的果冻。

　　一开始，凯尔很抗拒，用力拉扯毯子，哭得更凶了。但是三四分钟后他安静了下来，8分钟后他睡着了。

　　在和我们一起住时，我妈妈多次重现这样的奇迹，我开始把她视为安抚婴儿的专家。我一开始做不好果冻式轻摇，不过后来就变得越来越有信心了。到凯尔7周大时，我可以在不到两分钟的时间里让他破涕为笑。

　　我发现当凯尔安静下来时，轻柔的节奏比较有帮助，但当他尖声啼哭时，就需要幅度较大的摇动。摇动了几分钟后，他会松一口气。紧张感似乎从他的身体上离开了，我开始觉得自己是个很棒的妈妈！

摇动婴儿的另外两种有效方法

> 黛博拉两个月大的儿子马克斯喜欢一遍又一遍地被举起来然后放下。他可怜的妈妈觉得自己像游乐场的游戏道具。

> 吉纳维芙的妈妈为了让她开心，不得不带着吉纳维芙一圈一圈地绕着街区走动。

抱着婴儿可能是新手妈妈最甜蜜的乐事之一，但一天结束时，一直抱着婴儿会让妈妈精疲力竭。一直摇动婴儿怎么可能不损伤你的腰背、胳膊或者你的幽默感呢？

以下是两种对妈妈很友好的方法：雨刷法对安抚疯狂哭闹的婴儿特别有效，婴儿摇篮可以在婴儿安静下来后，让他们保持平静。

雨刷法：用膝盖安抚婴儿

雨刷法把5个S法结合在了一起，能够给婴儿带来完美的安抚体验。这是我最喜欢的激发婴儿镇静反射的方法之一。

以下是具体做法。

◎ 包裹婴儿，然后坐在舒服的椅子上，双膝并拢；双脚放在地上分开，距离相当于肩宽。身体前倾效果最好。

◎ 让婴儿侧卧在你两腿之间的凹槽里。让他的脸颊和头放在你的手掌和伸开的手指里，然后枕在你的膝盖上，让他的脚踝放在你的胯骨上。

◎ 把你的另一只手插入他的头下面，这样你就可以双手重叠，他的头被你松松搭在一起的两只手捧着。

◎ 把他翻成俯卧姿势，你的两肩要放松，做个深呼吸，身体放松。

◎ 俯下身，在他的耳边发出嘘声。嘘声的响亮程度和他哭声的响亮程度相当。

◎ 现在来回摆动你的膝盖，就像雨刷刮雨一样。如果他在啼哭，就摆动得快一些，每秒摆两三下，幅度小一些。打开你的手，让他的头像果冻一样颤动。

◎ 最后，给他吃安抚奶嘴。

注意：雨刷式的摇动来自你的脚，而不是来自肩膀或胯部。上下颠膝盖不如来回摇动效果好。

如果你觉得这种方法看起来很复杂，也不要灰心。当你不那么紧张时，会发现这是最容易学习的安抚方法之一。当有人冲你吼叫时，你很难学会任何东西，因此要在婴儿安静或睡觉时练习雨刷法。

婴儿摇篮：把婴儿放进会摇摆的东西里

贝琪发现摇篮很有用，但担心会伤到汉娜。于是她在秋千里放了两把香蕉，以减慢摇篮摆动的速度。

很多新手爸妈住得离家人很远，照顾婴儿的重担 24 小时都会压在他们疲惫的肩膀上，难怪有些爸爸妈妈需要帮助。因此人们必然会发明出一些节省劳动力的工具，比如洗碗机、垃圾处理机，还发明了哄婴儿的工具，比如婴儿秋千和聪明摇篮。

如果你有个爱动的宝宝，秋千特别有用。然而，有些爸爸妈妈并不用它，因为他们相信一些错误的观念："它摆动得太快""会伤到孩子的后背""孩子会太依赖它"。

当然，你最不希望发生的事情就是孩子受到伤害或者有东西阻碍他们的发育。但是秋千非常安全。即使你整天把孩子带在身上，当你想休息时怎么办？在没有亲朋好友帮忙的情况下，秋千可以替代他们，让你可以洗个澡，做晚饭，或者小睡一会儿。

> 费恩夸赞道："秋千成了我照顾威廉的第三只手。秋千的摆动就像在施魔法，能让他安然入睡。"

以下是充分利用婴儿秋千的窍门。

◎ **不要在婴儿哭号时把他放进秋千。**秋千通常无法安抚伤心欲绝的婴儿。在使用秋千之前，先用一两分钟时间试着让宝宝安静下来。卡普的秋千使用法则是：如果你把哭闹的婴儿放进秋千，结果只会得到一边摇动一边哭闹的婴儿。

◎ **襁褓。**紧紧地包裹有助于通过摇动更快地让婴儿安静下来，有助于让婴儿更长时间地保持安静。在婴儿被包裹的双腿之间用护栏或带子进行保护，让他安全地坐在秋千的座椅里。

◎ **尽可能放平座椅。**无论是在秋千、婴儿椅还是汽车座椅里，坐得太直对小婴儿来说都不安全。他们重重的脑袋会向前倒，脖子弯曲，会使呼吸变得困难。在最初几个月里，只能让座椅完全打开使用。一定要咨询医生，你的宝宝是否足够大，是否可以使用秋千。

◎ **使用白噪声。**隆隆响的声音有助于秋千发挥更好的作用。

◎ **速度要快**。对于大多数哭闹的婴儿来说，慢速是无法激发镇静反射的。

◎ **保持 20 秒轻摇**。如果被包裹的婴儿在秋千里哭闹起来，请抓住椅子背，快速轻摇，来回幅度只有约 3 厘米。20 秒内，他就会放松下来。如果没有，请把他抱出来，看看他需要什么。

摇篮曲：随着音乐来回摇动

摇篮曲的作用是"哼着歌让宝宝入睡"。这些甜美的小调模拟了妈妈脉搏的节奏，大约每分钟 70 下。这个速度非常适合哼着歌曲、摇着宝宝入睡。

但是，这些轻柔的曲调通常在终结婴儿疯狂的哭闹时毫无作用。婴儿一旦崩溃了，他们会完全沉浸在自己的大哭中，根本听不见我们的声音。就像成年人会"因愤怒而盲目"一样，婴儿会"因苦恼而耳聋"。

幸好，每秒两三拍的活泼节奏可以吸引他们的注意力，把他们从尖声哭闹中拯救出来。如果你是披头士乐队的粉丝，试着伴随《这是一个艰难的夜晚》(*It's Been a Hard Day's Night*) 摇动你的小家伙。当他安静下来时，可以减慢为《我们可以解决》(*We Can Work It Out*) 或《你需要的就是爱》(*All You Need Is Love*)。当他像面团一样放松时，你可以把歌曲换成《金色梦乡》(*Golden Slumbers*)，或者最适合新手爸妈的歌曲《我好累》(*I'm So Tired*)。

摇篮曲的其他功效

摇篮曲会让所有人感到平静，无论是年轻人还是年长者。它们可以安抚受刺激的神经，哄我们进入平静的恍惚状态。但是，你注意到没有，它们经常带有一抹黑色幽默的意境。想一想经典摇篮曲

《摇啊摇，再见宝贝》（*Rock-a-Bye Baby*）的歌词：

> 摇啊摇，宝贝在树梢，
>
> 大风吹，摇篮摇，
>
> 树枝断，摇篮掉，
>
> 宝贝、摇篮全都下来了。

　　即使最有爱心的爸妈在严重缺觉的时候，也需要用笑声来宣泄一下自己的沮丧。摇篮曲的节奏也许是为婴儿设计的，但歌词肯定是为疲惫不堪的成年人设计的。

爸爸妈妈们对来回摇动的常见疑问

问：秋千对婴儿的髋部或背部有损害吗？

答：没有。在子宫里时，婴儿的身体扭得像椒盐卷饼一样。他们的身体具有不可思议的柔韧性，所以我们可以放心地把他们放在秋千里，不必担心他们的后背会受伤。另外，为了在婴儿两腿之间固定带子，你需要分开他的腿，这对他的髋关节来说也是很健康的姿势。

问：秋千会造成爸爸妈妈忽视婴儿吗？

答：你当然可以长时间地抱着你的宝宝。但是除非你有很多亲戚帮你，否则在你有紧急的事情要做时，并不总能找到帮手。这时秋千便能帮上大忙。

问：婴儿刚吃完奶，我是否不应该用力地摇动他？

答：小幅的摇动并不会增加婴儿吐奶的概率。事实上，摇动会减少婴儿哭闹，反而有助于减少他吐奶的次数。上下摇动还能释放胃中的气泡，帮助婴儿打嗝。

问：来回摇动会让婴儿头晕或呕吐吗？

答：不会。摇动不会触发大脑中的呕吐中枢。大幅度的动作会引发头晕和呕吐，比如载着婴儿驶过弯弯曲曲的山路。摇动会让哭闹的婴儿觉得更舒服，而不是更难受。

问：如果我过多地使用秋千，它是否会失效？

答：有些婴儿喜欢吮吸，有些婴儿需要白噪声来保持平静，有些婴儿只有在背带或秋千里才会开心。幸运的是，婴儿喜欢什么就会一直喜欢。这就可以解释为什么他们从不厌倦吃奶、搂抱或秋千。

问：当我快速摇动婴儿时，他哭得更厉害了，我该怎么办？

答：婴儿可能需要一点时间才能意识到你在做他喜欢的事情。如果你摇动了 30 秒后，婴儿还在大声啼哭，请检查你摇动的方法对不对。确保你的动作速度快、幅度小；确保你支撑着他的头部和颈部；确保你的手是打开的，这样他的头可以颤动；最后，不要忘了白噪声。

爸爸妈妈的观点：来自战壕里的证言

以下例子中的爸爸妈妈在施了小小的魔法后，他们的宝宝都安静下来了。

小宝宝哈德森开始啼哭，他爸爸戴维把他举到自己肩膀上拍嗝。但是哈德森不领情，继续大哭。

或者出于沮丧，或者出于古老的本能，戴维开始更用力地拍他。他把手握成杯状，像敲鼓一样敲击哈德森的后背，大约每秒两下。哈德森几乎立即安静了下来。他的身体软软地躺在爸爸的怀里，几分钟后睡着了。"看到他这么喜欢被拍让我很吃惊，"戴维说，"但他很快就彻底放松了下来，我知道这个方法是对的。"

马基和芭芭拉的儿子迈克尔 6 周大的时候晚上哭得非常吵，楼下的邻居甚至会敲天花板表示抗议。马基尝试用轻柔的摇动和歌曲安抚他，但什么都不管用，直到马基发现了"古代战斗舞蹈"。

马基把迈克尔紧紧抱在自己胸前，让自己的腹部与迈克尔的腹部紧贴，手臂像紧身衣一样环绕着迈克尔。马基大声吟唱："哈，呀、呀、呀；哈，呀、呀、呀。"重音放在"哈"上，每当发"哈"音时，马基都弯下身，屈膝盖，让迈克尔感觉自己好像穿过活板门，掉了下去。发第一个"呀"时，他把身体直起来一些。到第三个"呀"时，他再次站直，为下一个"哈"做好准备。

马基说，有力的节奏和响亮的吟唱是安抚成功的关键。迈克尔通常会在几分钟内再次入睡。

桑迪把哈里特抱在自己膝盖上哄好了，但是她只要把宝宝放进秋千，他就又开始哭。医生和她的婆婆警告说，不要过度刺激宝宝，所以桑迪总是用很慢的速度荡秋千。

但事实证明，这对她家的"小炮仗"来说太温柔了。桑迪紧紧地包裹哈里特，打开吹风机，用手快速地摇动秋千，这时安抚哈里特就小菜一碟了，而且摇动秋千每次都很管用。

12
第 5 个 S 法：吮吸
THE HAPPIEST BABY ON THE BLOCK

关键点

◎ 吮吸乳汁既解饿，又能激发婴儿的镇静反射。
◎ 成功使用安抚奶嘴的 3 种方法。
◎ 使用安抚奶嘴中常见的 6 个问题。

　　婴儿的生存依赖于吮吸能力。实际上，在出生之前他们就开始练习这项重要的技能了。

　　在子宫中，胎儿很容易吮吸到自己的手指，因为柔软的子宫壁让他们的手正好可以伸到嘴边。然而，在第四妊娠期时，婴儿不会把很多时间花在吮吸手指上。并不是他们不想，如果可以，他们可能会一整天地嘬着手指，但把手指伸进嘴里并保持不动对新生儿来说是个无比艰巨的任务。即使婴儿很专注，他极差的肌肉协调能力也只能让他的手砸到鼻子上，而不是送进嘴里。所以，当我们把乳房、奶瓶或安抚奶嘴送到他们嘴边时，他们会显得很开心。

注意：当婴儿 4 个月大时，只要他们想，就能把手指送进自己的嘴里。

吮吸：即刻的快乐

新生儿长得很快，他们一天需要吃 8 ～ 12 次奶。有人说他们的吃相像"小猪"一样，但小猪不能和我们的宝宝相提并论。我们的小家伙每天会"哼哧哼哧"地不停进食，大约相当于他们的每 0.45 千克体重要吃掉 85 克奶。对于成年人来说，这相当于一周 7 天，每天都要喝掉 19 升的牛奶。

第 5 个 S 法与众不同，因为它不仅能解饿，还能激发镇静反射。吮吸意味着婴儿一天能得到几个小时的快乐。

有些婴儿无论你把什么东西放进他们嘴里，他们都会吮吸；但有些婴儿是小小的美食家，会鉴赏食物。2 个月大的利亚姆除了他妈妈的第二根手指之外，拒绝吮吸其他一切东西，包括安抚奶嘴、他自己的手指，甚至奶瓶。

医生把婴儿吃奶称为有营养的吮吸，把使用安抚奶嘴称为无营养的吮吸。无营养的吮吸能帮助婴儿在混乱的环境中保持平静。吮吸安抚奶嘴就像婴儿冥想，能降低婴儿的心率、血压和压力水平，甚至能减少静脉注射和血液检查后的啼哭。但是如果婴儿真的饿了，他们会把安抚奶嘴吐出来，好像在抱怨："嗨，我点的是奶，不是橡胶！"不过在有营养的吮吸之后，也就是吃饱之后，他们还是很乐意接受安抚奶嘴的。

注意：吮吸安抚奶嘴还有一个额外的好处。科学家发现，婴儿躺在床上吮吸安抚奶嘴能降低婴儿猝死的风险，即使他在睡着后会把安抚奶嘴吐出来。然而，医生目前还不知道吮吸为什么会有如此神奇的作用。

婴儿会吮吸得太多吗

有些专家警告说，不要让婴儿吮吸得"太多"，这会给他们养成坏习惯。幸好婴儿不会吮吸得太多。吮吸不是糖果或毒瘾，它是第四妊娠期不可分割的一部分，是婴儿迈向自力更生的第一步。

其他时代和文化中的父母如何使用吮吸法

做妈妈最甜蜜的时刻之一就是，你的宝宝吮吸着你的乳头渐渐入梦。

奶水是婴儿世界的中心，这就可以解释为什么有些人把哺乳的妈妈称为大地之母。但更适合她们的名称应该是"银河系女神"，因为 galaxy（银河）这个词源自古希腊语的 gala，意思是"奶"。传说，天空中的星星都来自朱诺（Juno）女神乳房喷溅出来的乳汁，所以我们把银河称为"奶之路"（milky way）。

从非洲中部的埃菲族到博茨瓦纳的昆申部落，妈妈们都会把吮吸作为安抚婴儿哭闹的首选方法。她们一天会给婴儿喂奶三四十次，甚至多达上百次。

除了乳房，历史上富有创造性的妈妈们还用其他吮吸工具来安抚婴儿的哭闹。有些妈妈让婴儿吮吸裹着糖的小布片，有些妈妈会把这种"糖奶头"浸泡在白兰地中，以增加效果。在过去的几个世纪中，买不起糖的俄罗斯妈妈会用薄布包上一小块嚼碎的面包，给婴儿啜食。

在 20 世纪初，带橡胶奶头的奶瓶开始流行起来，橡胶安抚奶嘴也随之流行起来。在英语中，安抚奶嘴被称为"缄口物"，因为它能快速让婴儿安静下来。

帮助婴儿成功地使用安抚奶嘴

对很多婴儿来说，吮吸是 5 个 S 法中最有安抚作用的一个。正如刚才提到的，在很多文化中，人们认为婴儿每天应该吮吸乳头几十次，然而在美国的文化中，这种喂奶的频率是不现实的。

为了替代这种哺乳文化，有些爸爸妈妈被告知，应该教会宝宝通过吮吸自己的大拇指来自我安抚。但是对大多数婴儿来说，吮吸手指这个动作很困难。就像大人尝试用筷子夹冰块一样，即使婴儿非常努力，他们的手指还是会滑出来。

幸好，除了乳房，我们还有婴儿愿意整天吮吸的安抚奶嘴。以下是一些帮助婴儿成功使用安抚奶嘴的小建议。

◎ **选择合适的奶嘴。**你是应该用短粗的小安抚奶嘴，还是用长柄、顶端一侧是平的安抚奶嘴？说到底，你的宝宝最喜欢的奶嘴就是完美的安抚奶嘴。

◎ **不要强行塞给他。**婴儿正在哭的时候把安抚奶嘴塞进他嘴里，往往会失败。可以先用其他 S 法让他安静下来，然后再使用安抚奶嘴。

吮吸会降低出牙带来的不适感，让你的小家伙在忙碌、嘈杂的家庭环境里也能保持平静。因此不要担心安抚奶嘴会成为婴儿最喜欢的减压物，在你尝试拿走时，他会很抗拒。如果你坚持拿走宝宝钟爱的安抚奶嘴，他可能会吮吸自己的大拇指，这会造成更大的问题。在婴儿自己停止吮吸大拇指之前，你几乎不可能让他戒除。此外，吮吸手指更有可能造成严重的口腔卫生问题，比如牙齿覆咬合、牙齿错位或者牙齿拥挤引起的上颚高拱等，严重的还会引起言语障碍。

真乳头与橡胶奶嘴：愚弄宝宝可不好

　　用橡胶奶嘴替代真乳头会让婴儿出现乳头困惑，因为和吮吸真的乳头相比，吮吸橡胶乳头时的嘴部和下颚动作是不一样的。当婴儿吃母乳时，他们的嘴会放松、张大，然后嘴轻微蠕动，引起从舌尖到舌根一连串的肌肉收缩，把奶水吸出来；相反，用奶瓶的婴儿嘴张得没那么大，他们会用牙床咬橡胶奶嘴，促使奶流出来。你可以想象如果像咬奶嘴那样咬乳头，你会有什么感觉。

　　在哺乳进行得很顺利之前，最好避免用奶瓶和安抚奶嘴。如果你的宝宝在医院里用过几次安抚奶嘴，那也不是什么灾难。当你的宝宝掌握了如何吮吸妈妈的乳头时，我建议你每天给他喂一次配方奶粉。最好在奶瓶里装母乳，如果你的奶不够，可以用母乳加一些温水。温水是你事先烧开的。这样，你的宝宝可以学会如何使用奶瓶。当你生病时，不在家时，或者不得不去上班时，其他照顾者可以给宝宝喂奶。

　　如果你在宝宝出生 4 个月后才开始给他用奶瓶，就会吃惊地发现宝宝很抗拒橡胶奶嘴。一旦开始给婴儿使用奶瓶，不要超过两天不用。如果妈妈长时间不给婴儿用奶瓶，有些婴儿会固执地拒绝使用。一天稀释奶水的次数不要超过一次，因为经常给婴儿喂加水的奶对他们的健康不利。

爸爸妈妈们对吮吸的常见疑问

问：我怎么区分宝宝是需要喝奶，还是需要吮吸？

答：以下迹象表示你的宝宝饿了。

　　◎ 当你触碰宝宝的脸时，他会转过头，张开嘴，寻找乳头。

　　◎ 安抚奶嘴一开始能安抚宝宝，但他很快又会哭起来。

◎ 给宝宝喂奶时，他吃得很欢，吃完后会变得平静或困倦。

问：用安抚奶嘴能避免母乳喂养的问题吗？

答：美国俄勒冈州立大学的一项研究发现，给新生儿使用安抚奶嘴的妈妈其实能更好地哺乳。这是因为，如果不允许精疲力竭的妈妈给母乳喂养的宝宝使用安抚奶嘴的话，她们最终只会用配方奶粉来喂养婴儿，安抚他们的哭闹。如果哺乳很顺利，那么安抚奶嘴会让哺乳更成功。因为妈妈可以在婴儿的哭闹中得到喘息，让其他照顾者安抚婴儿。但是一般来说，如果可以的话，婴儿刚出生的最初几周最好避免使用安抚奶嘴。

问：安抚奶嘴会引起耳朵感染吗？

答：用力吮吸会改变耳朵里的压力，导致感染。就像婴儿乘飞机时，耳内的压力改变引起的感染一样。幸好，在最初的 6 ~ 9 个月里，你不必担心吮吸会引发婴儿耳朵的感染，因为幼小婴儿的吮吸力度通常会很小。

问：安抚奶嘴能预防婴儿猝死综合征吗？

答：研究一致显示，睡觉时使用安抚奶嘴的婴儿发生婴儿猝死综合征的概率较小，至少能降低 50% 的风险。因此，美国儿科学会建议，吮吸安抚奶嘴应该是每个婴儿睡前程序的一部分。吃配方奶粉的婴儿可以从一出生就开始，母乳喂养的婴儿可以从哺乳顺利后开始。

问：如果我的宝宝总含着安抚奶嘴睡觉，他会不会上瘾？

答：不会！这是个完全错误的认识。在婴儿六七个月大的时候，你可以在不到一周的时间里从每天让他吮吸很多次安抚奶嘴到完全不用安抚奶嘴。但是，婴儿 9 个月大之后，他们常常会和安抚奶嘴形成情感依恋。在这个年龄之后，你依然可以让他戒断安抚奶嘴，但会遭到抗议。

问：如果吮吸如此重要，那我是否应该松开襁褓，让宝宝能吃到自己的手？

答：不应该！最初 3 个月，婴儿很难在不意外打到自己的脸的情况下顺利吮吸到自己的手指。相反，你应该包裹好爱哭闹的宝宝，给他哺乳或使用安抚奶嘴。当他的手臂不会因乱挥而打到自己时，他将能更好地吮吸。如果安抚奶嘴总是掉出来，你可以运用逆反心理训练他更好地含住奶嘴。

问：经常哺乳会惯坏宝宝，或者造成肠绞痛吗？

答：经常让宝宝吮吸不会造成溺爱或肠绞痛。对一些土著文化，比如昆申文化的研究显示，婴儿天生需要的哺乳次数就是一天 50 ～ 100 次。昆申部落的婴儿就没有肠绞痛，那里的父母通常在一分钟内就能哄好哭闹的婴儿。

问：如果让宝宝整晚都吮吸着我的乳房，我睡得很好，宝宝也觉得很舒服。这样做对吗？

答：在人类历史的初期，爸爸妈妈和他们的宝宝是一起睡觉的。事实上，女性能感受到的最美好的情感之一就是她们可爱的宝宝睡在她们的怀里。哺乳会带来抚慰感，很多疲惫的妈妈会一边哺乳一边睡着。但是不得不说，这样做对婴儿是危险的。

对 2 000 多名哺乳妈妈的研究显示，72% 的妈妈在床上哺乳时会和婴儿一起酣然睡去。44% 的妈妈在沙发或躺椅上给婴儿哺乳时会睡着。这非常令人担忧，因为婴儿和父母一起在床上睡觉会增加婴儿窒息的风险，在沙发或椅子上睡觉时风险更大。

如果你坚持和婴儿一起睡，有些方法可以减少婴儿猝死的风险，但是我依然要警告妈妈，最初的 9 ～ 12 个月不要和婴儿同床睡觉。研究显示，大多数新手爸妈睡眠不足，当我们极度疲劳时，会像喝醉酒的人一样，失去判断力和注意力。

录像研究显示，和父母同床睡觉的婴儿一晚上有 2/3 的时间是危险的侧卧姿势，每晚有一个多小时的时间，婴儿的嘴会被床单或毯子盖住。当你累得要死时，不会意识到你无意中用毯子或胳膊挡住了婴儿的脸。

因此，把婴儿放在你床边的婴儿床或摇篮里，不要和婴儿一起在沙发上睡觉，也不要把他抱上你的床。

爸爸妈妈的观点：来自战壕里的证言

有些婴儿只在饥饿时吮吸，但对有些婴儿来说，吮吸就像按摩、冥想和热水澡的融合般迷人。

赖兰声嘶力竭的哭声吓到安妮和迈克尔了。赖兰的心脏有问题，过度用力是危险的。安妮整天抱着赖兰，直到后背疼得受不了。她拒绝给赖兰使用安抚奶嘴，因为她"不想让赖兰养成坏习惯"。最后出于绝望，她试了试，结果发现效果极佳。安抚奶嘴简直是天赐之物。"我依然要哄他，但安抚奶嘴让我可以喘口气，尤其是当他在晃动的摇篮里时。"

瓦莱丽回忆道："我们的宝宝克里斯蒂娜哭闹得很凶，我不得不整天都给她喂奶。我的丈夫戴维和妈妈很担心，如此频繁地喂奶会造成更严重的肠绞痛。我的朋友则警告我说，屈服于宝宝的啼哭会惯坏她。"

　　当瓦莱丽跟我说起这些时，我恭喜她能让哭闹的克里斯蒂娜安静下来，我让她放心，说这么小的孩子是不可能被惯坏的。不过，我担心瓦莱丽让克里斯蒂娜吮吸了很多，从而忽视了其他安抚方法。因此，我建议戴维练习其他S法，以分担妻子的一部分压力。

　　戴维很喜欢这个提议，也很快掌握了如何用襁褓、嘘声和安抚奶嘴安抚克里斯蒂娜。他骄傲地说："当我能满足女儿的需要时，我觉得自己很聪明。"

　　史蒂文和凯莉1个月大的宝宝伊恩太爱安抚奶嘴了。每当安抚奶嘴掉出来时，他都会号啕大哭。凯莉悲叹道："它太好使了，不过我们觉得自己成了他安抚奶嘴的奴隶。我妈妈开玩笑说，我们应该把安抚奶嘴黏在他嘴里。尽管我们拿这开玩笑，但我们真的快疯了。"

　　史蒂文和凯莉给儿科医生打电话，医生教他们运用逆反心理。一周后，凯莉给医生回电话，说安抚奶嘴的问题已经解决了。仅仅几天，伊恩的嘴部肌肉就得到了很好的锻炼，可以想吮吸多久就吮吸多久了，安抚奶嘴不会再掉出来了。

　　凯莉说："真奇怪。我以为让安抚奶嘴待在伊恩嘴里的最好方法是把它推进去，但真正管用的是拔出来。"

13

拥抱疗法：
找到宝宝最喜欢的 S 法组合

THE HAPPIEST BABY ON THE BLOCK

关键点

◎ 如果使用了所有的 S 法，宝宝还在哭，那么接下来家长该做些什么？

◎ 成功使用这些 S 法的 3 个关键：准确、练习和力度。

◎ 为什么爸爸们是安抚之王？

人类不可能不犯错，但智者和善者可以从错误中学到智慧。

普鲁塔克（Plutarch）

　　或许你认为善于安抚婴儿的人一定"有天赋"，但安抚婴儿并不是一种天赋，而是一项技能。当你同时使用几个 S 法或所有的 S 法时，通常能在几分钟内让哭闹的婴儿安静下来。我认识的一位妈妈把 S 法的完美组合称为"拥抱疗法"。但是，如果 S 法根本不管用，那你该怎么办？

如果哭声依旧，你该怎么办

　　很多婴儿需要两个以上的 S 法组合才能止住大哭大闹。昆申部落的妈妈们会把紧紧地搂抱、摇动、哺乳和一遍遍地重复"呦嗯、呦嗯"结合在一起使用。在坦桑尼亚，妈妈们在安抚哭闹的婴儿时会抱着他们，同时假装在磨玉米：突然弯下身体，再直立，同时哼着刺耳的声音。在美国文化中，爸爸妈妈们会载着婴儿在社区里开车，驶过他们所能找到的任何坑洼和减速带，用发动机的轰鸣和大量的颠簸来安抚哭闹的婴儿。

当然，在婴儿啼哭时，你首先应该查看他是否饿了、尿了或觉得孤单了。即使他刚吃完奶，也要试着再喂一点。如果喂奶、搂抱和肌肤接触都不管用，那 5S 法通常能起作用。但是如果 5S 法也不管用，你就要考虑以下问题。

◎ 你的宝宝是否有其他身体问题？他是不是吃得太少或太多？他是否在努力排便？幸好，像这样的小问题通常显而易见，而且容易解决。

◎ 你的宝宝是否有比较大的身体问题？大约有 5% ~ 10% 的肠绞痛婴儿会因为健康问题，比如食物不耐受、尿道感染或胃酸反流而哭闹。

◎ 你的 S 法做得对吗？如果 S 法不管用，十有八九是因为你的宝宝
　需要几个 S 法的组合，或者你应该提高自己的技术。因此，需要
　再次检查你的 S 法是否做得完全正确。

我会在第 14 章和附录中探讨导致婴儿持续啼哭的若干问题。但是由
于 S 法无效的常见原因是妈妈的操作技术不好，比如包裹得太松，因此，
让我们回顾一下成功使用 S 法的 3 个关键：准确、练习和力度。

准确：稍微有点 A 型人格是有益的

　　在纽约飞往洛杉矶的飞机上，我看着一位上了年纪的女士以优
雅的动作让婴儿安静了下来，我觉得就像在看一段古老的芭蕾舞。
　　在经过密苏里州上空时，有个婴儿突然大哭起来。几声撕心裂
肺的哭喊之后，这位女士站起来，把小婴儿的腹部靠在她的肩膀上，
并在婴儿耳边发出嘘声，有节奏地拍打婴儿的屁股，然后最重要的
是，这位女士开始上下颠小婴儿，就像海洋里的漂流瓶。几秒后，
小婴儿睡熟了。

我认为，安抚婴儿就像按照古老的蛋糕食谱做蛋糕，而 5S 法是配料。
在做蛋糕时，只有配料清单没用，你还需要知道每种配料加多少、
如何给烤盘刷油、应该给烤箱设定什么温度等准确的指导。如果你每一步
都做得很对，就会做出完美的蛋糕；但如果你跳过了某个步骤，或者做得
不准确，最后就会做出一堆热乎乎、黏糊糊的东西，或者又糊又焦的硬
面团。

可惜，大多数育儿手册就像不完整的烹饪书。它们建议使用襁褓、摇动等技巧，但不教你每种方法具体怎么做，或者怎么混合使用它们。即使提供了具体的方法，但有些爸爸妈妈由于没有遵从恰当的指导，或者太早放弃，认为这些方法对自己的宝宝不管用，因此没有达到理想的安抚效果。

但是，正如你现在知道的，反射是全有或全无的反应。以膝跳反射为例，如果用足够的力度敲击正确的位置，就一定会引发膝跳反射；但是，如果敲击得太轻，或者偏离正确位置一两指宽，就一定触发不了膝跳反射，尽管表面看起来做得很对。

以下内容扼要重述了有助于正确实施每个 S 法的关键。

第 1 个 S 法：包裹

包裹之所以失败，最常见的原因是妈妈们看到很抗拒就放弃了。爸爸妈妈们误解了婴儿的抗拒，认为这相当于在说："让我出去！你不公平！"但是，现在你已经知道了，包裹的目的不是安抚婴儿，而是阻止婴儿扭动和胡乱挥舞，帮助婴儿平静下来，进而关注其他 S 法，而其他 S 法将激发他的镇静反射。

最有效的包裹要保证以下几条。

◎ 婴儿的手臂要伸直，被紧紧地包裹在身体侧面。其中，DUDU 包裹法最后一折要经过两只胳膊，像带子一样固定住。

◎ 包裹后婴儿的腿部要足够宽松，允许婴儿的髋部弯曲，膝盖可以轻易地打开、合上。

◎ 毯子不能轻易弹开。

◎ 婴儿不会被包得太热。

第 2 个 S 法：侧卧 / 俯卧

婴儿平静时平躺着没问题，这也是唯一安全的睡觉姿势。但是当婴儿哭闹时，仰卧的姿势最糟糕，因为它会触发"红色警报"，使婴儿哭得更凶。以下是掌握侧卧 / 俯卧的要领。

◎ 至少把婴儿稍微转向俯卧姿势。对姿势敏感的婴儿哪怕稍微转向仰卧姿势，都会不停地啼哭。

◎ 当把饥饿的婴儿转向侧卧或俯卧姿势时，他们的面颊会接触到寝具。这会引发觅食反射，他们会使劲儿把头转来转去，寻找乳房。如果转向侧卧时，你的宝宝出现觅食行为，就要先喂奶，再继续实施各个 S 法。

◎ 绝不要让婴儿独自侧卧或俯卧，不管你是否包裹了他。

第 3 个 S 法：嘘声

在婴儿耳边发出响亮的嘘声看起来很荒谬，好像在对他们说："闭嘴。"这会让你迟疑，从而使发出的嘘声太轻或者离婴儿耳朵太远。这个 S 法的关键有以下几点。

◎ 嘘声要和婴儿的哭声一样响。要知道，子宫里的声音比吸尘器的声音还响。

◎ 用高音调的声音安抚婴儿哭闹，用低音调的隆隆声促进睡眠。

◎ 下载智能手机的分贝测量 App，测量婴儿耳边的噪声水平。安抚婴儿哭闹需要 85 ~ 90 分贝的白噪声，促进睡眠则需要 65 分贝的白噪声。

第4个S法：摇动

轻柔、缓慢、大幅度地摇动对保持婴儿平静很有益，但对安抚哭闹宝宝毫无用处。对于哭得撕心裂肺的婴儿，你需要做到以下几点。

◎ 快速、小幅地摇动，每秒摇动两三次。
◎ 始终支撑着婴儿的头部和颈部。
◎ 双手松松地托住婴儿的头，使他的头能像盘子上的果冻一样颤动。

一天晚上吉米打电话给我，电话里就能听到他的宝宝杰克响亮的哭声。吉米告诉我，他尝试了各种S法，但都不灵。我听得出他声音里的担忧，于是到他家出诊，发现他什么都做得挺好的，除了一件事：他没有快速、小幅地摇动，而是以很大的幅度摇动杰克。当吉米开始快速、小幅地摇动，并张开双手让杰克的脑袋微微颤动时，吉米就变成了安抚大师。

第5个S法：吮吸

吮吸是所有S法中最自然的。但是如果你给婴儿哺乳时有困难，请联系医生或国际母乳协会。如果你的宝宝拒绝吃安抚奶嘴，以下是一些哄劝的方法。

◎ 先让宝宝平静下来。大哭的婴儿很难叼住安抚奶嘴。
◎ 尝试不同品牌的安抚奶嘴。有些婴儿偏爱某种特定形状的奶嘴。
◎ 运用逆反心理从婴儿口中多拔掉几次奶嘴。

练习：熟能生巧

如果操作一开始不太成功，那很正常。

M. H. 奥德森（M. H. Alderson）

掌握 5S 法就像学习骑自行车：一开始很陌生，但一旦掌握了窍门，你就会觉得很好玩。当婴儿乱扭乱挥，哭声恨不得能震碎玻璃时，你很难练习新技能。因此要在他平静或睡着的时候开始尝试这些 S 法。

注意：如果你开始使用 5S 法的时候，宝宝已经 1 个多月大了，那么他需要多一些时间来忘记之前的经历，逐渐熟悉新方法。坚持下去，你很快就会获得成功。

不久之后，你会变得更有信心，你的宝宝也会更快地恢复平静。随着每个 S 法的多次重复，他会渐渐意识到你在做什么，并记住他有多么喜欢这些 S 法。

力度：不要太胆小

杰西卡尝试用包裹、白噪声和摇动来安抚她 6 周大的宝宝乔纳森。但是，就像逃生魔术演员似的，乔纳森很快挣脱了包裹，并且哭得更响了。我建议她把婴儿的胳膊放直，包得紧一些，提高摇动的速度，并打开吹风机。这些操作带来了很大程度上的改善。很快，乔纳森每天的大哭从一个多小时缩短为不到 5 分钟。

力度是最有违直觉的，但也是最重要的一个因素。毕竟，婴儿那么娇弱，对他们用力地做任何事似乎都是错误的。例如，一开始母乳喂养会让人觉得像是执意强求，但是不自信的妈妈往往会把婴儿搞得很沮丧，自己的乳头也很痛。

与之类似，大多数新手妈妈会本能地尝试用轻柔的摇动和低语来安抚婴儿。但是为了激发婴儿的镇静反射，你的动作和声音都需要更有力量。实际上，婴儿哭得越声嘶力竭，包裹就要越紧，嘘声就要越大，摇动也要越急促，否则就根本没用。

一位妈妈告诉我，轻柔的动作根本不可能哄睡大哭的婴儿。"我是一位治疗师，对于如何控制愤怒、保持平静，我有很多方法。我以为自己保持平静的能力有助于引导1个月大的宝宝摆脱他的愤怒。这真是个笑话！我很快意识到，我需要把咆哮的宝宝抱起来，控制他的哭号，就像警察制服匪徒一样。"

注意： 新生儿在一些方面比我们更强壮。例如，他们可以在非常喧闹的聚会和体育赛事上睡觉；他们尖叫的声音比我们更响，持续的时间更长。

婴儿疯了似的哭闹需要有力的、类似跳吉特巴舞那样的摇动，以及响亮、刺耳的嘘声。如果是啜泣，爸爸妈妈们可以用跳华尔兹那样的速度摇动和发出嘘声。当婴儿放松下来时，你应该换成跳慢舞似的令人昏昏欲睡的摇动动作。当然，如果婴儿哭闹加剧，你应该立即以相应的力度来迎合。

知识点 The Happiest Baby on the Block

新手爸爸们：安抚之王

博伊西市的一名护士给我讲述了她教过的一位爸爸，这位爸爸能三下五除二地安抚好婴儿。

在社区的垒球比赛中，他的妻子坐在露天看台上，他们的宝宝躺在妻子的腿上。突然，小丫头开始大哭。这位爸爸立即请求暂停，从三垒冲出去，用5S法哄好宝宝，然后跑回他的比赛位置，总用时不到两分钟。全场观众爆发出热烈的口哨声和掌声。

男人肯定没办法哺乳，但可以很擅长包裹、摇动和发出嘘声。大多数爸爸把包裹看成一项工程任务，通常也很愿意在安抚时加点力道。妈妈一般喜欢轻柔地歌唱、温柔地摇动，而爸爸们喜欢发出响亮的嘘声，以"起飞般的速度"快速地摇动，这正是激发婴儿的镇静反射所需要的。

越多越开心：用多种 S 法安抚婴儿

尼娜和迪米特里的小儿子莱克西是个"哭闹大王"，这让他们很头疼。即使他们打开吹风机，或者抱着他来回摇动，莱克西还是会哭个不停。不过他们欣喜地发现，把吹风机和摇动法一起使用会有魔法般的神奇效果。

就像婴儿的发色各有不同一样，每个婴儿需要的安抚方式也不尽相同。摇动会让有些婴儿投降，而有些婴儿需要响亮的嘘声，还有些婴儿被翻成俯卧姿势就能安静下来。温和的宝宝可能只需要一两种 S 法就能变得平静，暴脾气宝宝可能需要三四种 S 法才能止住大哭。脾气最坏的宝宝可能需要集齐 5 种 S 法才能不哭。

知识点
The Happiest
Baby on the Block

摸索适合你家宝宝的拥抱疗法：安抚试验

在婴儿哭闹时，先让他平躺着，然后开始寻找他最喜欢的 S 法。一种 S 法、一种 S 法地增加，看要用多少种 S 法才能让他平静下来。

◎ 发出轻柔的嘘声。如果不好用，就在他耳边发出更响亮的嘘声。

◎ 包裹婴儿，不让他胡乱挥舞，同时继续发出嘘声，或者播放白噪声。

◎ 让被包裹的婴儿侧卧或俯卧，继续发出嘘声。

◎ 增加快速、小幅地摇动。

◎ 最后，在继续以上几种 S 法的同时，哺乳或给他吃安抚奶嘴，甚至可以让婴儿吮吸你的手指。

14
肠绞痛的其他疗法：
从按摩、哺乳到治疗便秘
THE HAPPIEST BABY ON THE BLOCK

关键点

◎ 古老的肠绞痛疗法：按摩、在空气新鲜的地方走动。
◎ 引起婴儿哭闹的 3 个医学原因：过敏、便秘和喂养问题。
◎ 存疑的肠绞痛疗法：草药茶、顺势疗法、脊椎按摩疗法和整骨疗法。

在耳朵里塞上棉花，往肚子里灌杜松子酒。

19 世纪治疗婴儿肠绞痛的建议

几个世纪以来，专家们提出了很多新的治疗婴儿肠绞痛的方法。不过，这些猜测的疗法，从威士忌到镇静剂，再到排气滴剂，到头来毫无用处。不过，除了 5S 法之外，确实还有一些方法也能缓解肠绞痛。

祖母的锦囊妙计

有两个已经过时间检验的安抚方法，是按摩和到室外走走。

按摩：触摸的奇迹

> 按摩是爱，它是两个人共同的呼吸。
>
> 费德里克·拉伯叶（Frederick Leboyer），
> 《爱之手》（*Loving Hands*）

有句老话说："孩子是用乳汁和赞美养育大的。"我认为孩子是用乳汁和爱抚养大的。在子宫里，胎儿一天 24 小时地享受着天鹅绒般的包裹。出生后，他们依然喜欢被抱着，被轻抚。事实上，肌肤相亲的搂抱很接近子宫中的包裹，有着催眠的作用。

触摸不止会让婴儿回想起子宫，还会像乳汁一样，是婴儿成长必不可少的营养。从某些方面来看，触摸甚至比乳汁更重要。妈妈不妨想一想：给婴儿额外的奶水并不能让他更健康，但他得到的触摸和搂抱越多，他就会越强壮、越快乐。

婴儿观察者蒂法尼·菲尔德（Tiffany Field）在一系列针对护士、妈妈和婴儿的研究中，证实了抚触的巨大益处。在一项试验中，护士每天给一些早产儿按摩，每天 3 次，每次 15 分钟。令人震惊的是，与没有得到按摩的早产儿相比，这些婴儿的体重增加了 50%，几乎可以提前一周出院。一年后，在同样令人吃惊的后续研究中，对婴儿的智商测试发现，接受按摩的婴儿比正常照顾的婴儿智商更高。菲尔德医生还发现，每天接受15 分钟按摩的健康的足月儿哭闹较少，体重增加更理想，比较活跃，更爱社交，应激激素水平也较低。他们的妈妈也更平和、更放松。

走路止哭：在公园里漫步可以安抚婴儿

如果婴儿会说话，他们会一直烦我们："可以出去走走吗？"婴儿喜欢听风吹过树枝的声音，喜欢感受拂面的清新空气，喜欢看眼前掠过的各种形状和色彩。我们的祖先大部分时间都在户外，有人认为现代婴儿之所以爱哭闹，是因为整天待在家里快把他们烦死了。

在户外走动符合第四妊娠期的理念，因为一连串令人恍惚的感觉就像白噪声一样，可以让婴儿平静。散步不仅能安抚婴儿的哭闹，还能振奋你的精神，让你充满深切的平和感。

医生的锦囊妙计

大约有 5% ~ 10% 的肠绞痛婴儿会因为健康问题而哭闹。最主要的原因涉及 4 个与肠胃有关的问题：食物过敏、便秘、吃得过多或过少，以及胃酸反流。按摩、走路和 5S 法能让婴儿的这些症状得到一些缓解，但他们真正需要的是医疗帮助。

警惕食物过敏：让小肚子恢复健康

在所有引发持续哭闹的因素中，食物敏感和过敏是首要因素。大约 90% 引起肠绞痛的医学问题要归咎于食物。

食物过敏的婴儿通常会整天哭闹、大便松软，有时大便中还会带有血样黏液。可惜的是，还没有可以诊断这类问题的检查清单。判断你的宝宝是否食物过敏需要你像福尔摩斯一样细心地收集线索。

如果你用母乳喂养，医生会建议你一周内不要喝牛奶，吃鸡蛋、花生、坚果、小麦、大豆和鱼，然后看一看婴儿的哭闹是否有改善。如果你给婴儿喂配方奶粉，医生会建议你尝试多加水，将配方奶粉中所含的乳蛋白稀释为不会引起过敏的微小成分。在过去几十年里，我建议把配方奶粉换成豆浆或不含乳糖的牛奶，甚至换成以羊奶为基础的配方奶粉，但没有证据表明这些方法真的对缓解肠绞痛有效。

　　如果你决定尝试改变饮食，那请坚持记录一周的饮食日记，追踪婴儿哭闹的改善情况。哭闹减少可能是婴儿过敏的证据，但也可能是巧合。医生会建议你进行食物诱发：不吃某些食物一周后，重新在饮食中添加一勺被怀疑的食物，或者喂婴儿一点儿被怀疑的配方奶粉。每天尝试一次，尝试 4 天，如果婴儿对其过敏，那他的哭闹或黏液性大便可能会在一天之内恢复原样。

注意：在改变婴儿或你自己的饮食之前，一定要咨询医生。

警惕便秘：干巴巴也能很有趣

　　就像老一代人所说："保持规律很重要。"这对婴儿来说尤其如此。幸好，吃母乳的婴儿不会大便干燥。他们可能几天才拉一次便便，但即使如此，他们的大便也是松软的。相反，吃配方奶粉的婴儿容易大便干燥，但是学习几个常识通常就能解决这个问题。

注意：在婴儿 1 周岁生日前，绝不要用蜂蜜或玉米糖浆作为通便剂。

◎ **换配方奶粉。**新的配方奶粉或许就能解决便秘问题。有些吃浓缩液体奶的婴儿改吃配方奶粉后就不便秘了，或者情况相反。你也可以找儿科医生咨询。

◎ **把配方奶稍微稀释一下。**在配方奶粉里加一勺有机西梅汁或者水，一天加一两次，稀释的次数不要超过一天两次，婴儿的便秘情况就会改善。

◎ **帮婴儿打开肛门。**努力排便的婴儿常常很难在收紧胃部肌肉的同时放松直肠的肌肉。在应该放松肛门的时候，他们无意中夹紧了肛门，因此排便会很吃力。为了帮助他们放松肛门，你可以让他们的腿像骑自行车那样交替，并按摩他们的屁股。如果这样还不行，就在他们的肛门里插入用凡士林润滑过的体温计或棉棒，只插入 1 ～ 2 厘米便好。婴儿的反应通常是发出哼哼声，然后把体温计或棉棒连同便便一起排出来。

便便的警告：什么时候便秘预示着严重的问题

出生几周后，婴儿通常会形成良好的排便规律。吃配方奶粉的婴儿通常一天排便一两次。母乳喂养的婴儿会隔一两天排便一次。事实上，到 1 个月大时，他们有时甚至会一两周不排便。

什么时候你该担心？如果宝宝超过 3 天没有排便，你就该给医生打电话了。如果婴儿的哭声微弱，吮吸无力，或者看起来像生病了，你应该更早地给医生打电话。

医生会评估婴儿是否患有以下 3 种罕见的疾病，它们会伪装成便秘。

1. **甲状腺功能减退：**这是一种可以治愈的疾病，病因是婴儿的甲状腺缺乏活性。如果不治疗，甲状腺功能减退会成为严重的问题，因为它会让大脑的发育变慢。

2. **希尔施普龙病：**这是一种罕见的疾病，病因是直肠中的神经发育不良。婴儿直肠的肌肉收紧后，无法放松，阻碍了粪便通过，造成肠梗阻。幸好，手术可以解决这个问题。

3. **婴儿肉毒杆菌中毒**：这是 1 岁以下婴儿的罕见病，特点是突然变得虚弱、无力。它是由隐藏在液态甜食，比如蜂蜜和玉米糖浆中的肉毒杆菌孢子引起的。因此，绝不要给 1 岁以下的婴儿喂食蜂蜜和玉米糖浆。

更多关于医学问题的内容详见附录 A。

奶水太少引起的哭闹

在 99.9% 的情况下，婴儿的饥饿程度和你提供的乳汁能达到完美的平衡。不过，母乳喂养的妈妈偶尔会遇到因奶水太少或太多而引起的婴儿啼哭。

判断吃配方奶粉的婴儿是否吃得够量很容易：算一算他吃了多少克奶粉。然而母乳喂养就比较棘手了。接下来的问题有助于你判断吃母乳的婴儿是否在因为饥饿而哭闹。

◎ **你的奶水够不够？** 早上醒来，你应该觉得乳房很重，乳房偶尔会滴落乳汁，一开始哺乳时你应该能听到婴儿大口吞咽的声音。

◎ **吃完奶后婴儿是否很平和？** 吃饱的婴儿会很开心、很放松。

◎ **婴儿的尿量够多吗？** 在最初几天里，婴儿不经常排尿。但是正式开始吃奶后，他们一天会尿 5 ~ 8 次，尿液清澈，呈浅黄色。如果婴儿一天的湿尿布很少，尿液呈深黄色，你就应该把这视为红色警报，给儿科医生打电话，看是否有问题。

◎ **婴儿是否增长了足够的体重？** 妈妈和奶奶们经常担心宝宝太瘦。婴儿在生命之初的几天里体重通常会减轻 227 ~ 340 克，但之后他们的体重每周会增加 120 ~ 210 克。如果把婴儿放在医生的秤上，显示他长了足够多的体重，那你就不用担心了。

　　如果观察下来，你对以上某个问题的回答是否定的，请及时给医生打电话，看看你的宝宝是否因为没吃够奶而哭闹。

　　判断婴儿饿不饿的最后一招是给他一瓶吸出来的母乳或配方奶，看他是否会很快咕咚咕咚地喝下去。但是这样做之前一定要确保哺乳已经没问题了。这有可能改变婴儿的吮吸，使他突然拒绝妈妈的乳房。为了避免给婴儿造成乳头困惑，最好每天用奶瓶喝奶不要超过一瓶，即使你的哺乳已经很顺利了。

奶水太多引起的哭闹

　　　　在 7 周大时，卢卡吃奶开始出现问题。之前他一直吃得津津有味，但现在吃两分钟就会拱起身子大哭，就好像讨厌躺在妈妈的怀里。但是如果把他放下，他会哭得更凶，这让他的爸爸妈妈感到很困惑。

　　　　卢卡的妈妈玛丽亚很沮丧，甚至失去了信心，怀疑是不是自己的奶水枯竭了。事实上，玛丽亚的奶水很充足，甚至可以说是太多了。当卢卡吃饱后，他只想吮吸乳头，让自己开心，而这时玛丽亚的乳房仍会快速喷涌出乳汁。卢卡不得不躲开，以免被呛到，但这让他为难，因为他还想继续吮吸乳头。

　　　　当玛丽亚像抽烟一样用手指捏住乳头，减慢乳汁流出的速度时，卢卡再次变得容易喂养了。

　　有些婴儿太喜欢乳汁了，他们会吃得过量。他们一次狂饮 120 ~ 240 毫升乳汁，同时也会吞进大量空气，然后随着打嗝把它们都吐出来。有些婴儿不是因为贪吃而狼吞虎咽，而是出于自我保护。妈妈的奶水涌出得太快，他们"咕咚咕咚"地大口吞咽只是为了不被呛到。

使用奶瓶也有可能出现乳汁流速过快的问题。如果橡胶奶嘴太软，或者奶嘴上的洞太大，婴儿会像接着水龙头喝水一样呛得难受。

以下问题有助于你判断乳汁对婴儿来说是否太多。

◎ 当婴儿吸一侧乳头时，另一侧乳头是否会喷出乳汁？

◎ 婴儿是否会大口大口地吃，发出很响的声音？

◎ 当乳汁开始流进婴儿嘴里时，他是否会挣扎、咳嗽或躲开？

如果你对以上这些问题的回答是肯定的，那么做个小试验，看看乳汁流速减慢后，婴儿的哭声是否会停止：在哺乳之前，从每侧乳房中挤掉30 ~ 50毫升乳汁，然后像夹香烟一样，用第二根和第三根手指捏住乳头，手指向肋骨的方向挤压，同时给婴儿喂奶。观察他们"吧唧吧唧"的吃奶声和扭曲挣扎的动作是否减少了？你也可以试着躺下来喂奶，让婴儿躺在你的身上，由此减慢乳汁流出的速度。

其他替代疗法值得一试吗

在过去的几十年里，我们一直在反复探究综合医疗实践，比如针灸和正念能够带来的巨大好处。那么这些方法对肠绞痛有效吗？还有什么其他方法能对此有所帮助呢？

很久以来，草药茶就被用来帮助婴儿消化。传统上，妈妈们会为肚子不舒服的婴儿煮甘菊水、薄荷水、茴香水或莳萝水喝。

在不同文化中，这些草药的名称可以反映出这种治疗方法古已有之。在西班牙语中，薄荷被称为 yerba buena，意思是"有益的草"。在塞尔维亚语中，薄荷被称为 nana，意思是"祖母"。在古埃及、古希腊和北欧地区的维京时代，莳萝被用来缓解人体胃部不适。莳萝的英语源自古斯堪的那维亚语中的词汇 dilla，意思是"安抚"。

据说，甘菊具有令人平静的作用；薄荷能缓解肠道痉挛；莳萝有助于缓解胀气；茴香能扩张肠道血管，或许能促进消化。

有趣的是，有些研究显示，爱哭闹的婴儿在服用了草药茶后，哭闹减少了。一篇以色列的研究报告称，含有甘菊、茴香、马鞭草、甘草和芳香薄荷的水比安慰剂能更有效地减少婴儿哭闹。意大利的一项研究发现，甘菊、茴香和香峰叶提取物的滴剂对婴儿具有一些益处。

总之，我不建议给婴儿服用任何口服补充剂或药物，但是如果你想尝试一些草药茶，可以试试以下方法。

◎ 用勺子压碎莳萝或茴香的种子，或者把它们放在一个小袋子里，然后用大杯子的底部砸一砸。

◎ 把两茶匙碎种子放进一杯滚开的水里，浸泡 10 分钟，然后过滤，晾凉。

◎ 给婴儿服一茶匙这种水，一天喂几次。

注意： 绝不要给婴儿服用大茴香制成的茶水。它会引起婴儿神经系统方面的问题，包括癫痫。

祛风剂中也含有莳萝。祛风剂是治疗肠绞痛的一种偏方，美国、英国和英联邦国家的商店有售。这种偏方从未被证明有效，而且通常含有不利于婴儿健康的糖、碳酸氢钠和其他成瘾物质。

顺势疗法的治疗宗旨是"以毒攻毒"。换言之，大剂量的某种物质会造成疾病，但小剂量的这种物质反而能治病。例如，顺势治疗师会建议用极微量的毒葛提取物治疗发痒的皮疹。

关于肠绞痛的一些顺势疗法建议使用甘菊、药西瓜、磷酸镁和白头翁。有些爸爸妈妈很相信这些疗法，但没有令人信服的证据表明它们有效。全美医学研究院（National Institutes of Health）投入了 25 亿美元用来检验草药和其他替代疗法的治疗效果，然而几乎没有发现有效的顺势治疗药物。

被贴上顺势疗法标签的药物并不意味着无害。有两篇医学报告详细探讨了一种叫 Gali-col Baby 的肠绞痛药物是怎样与 12 名婴儿濒死的窒息反应相关的。

声称能安抚婴儿哭闹的脊椎按摩疗法或整骨疗法面临着像顺势疗法一样的质疑。这些声称可以治疗肠绞痛的方法假定婴儿在母亲分娩时发生了颅骨或脊椎错位。但是如果是分娩创伤造成了肠绞痛，那么为什么早产儿在预计发生肠绞痛的日子之前并不会尖声哭闹呢？为什么三四个月后，肠绞痛会自己消失？还没有研究得到明确的证据，能证明按摩骨骼有助于减少婴儿哭闹。

请务必给 5S 法充分的机会发挥作用。如果你暂时没有看到效果，在使用任何医学疗法或替代疗法之前，一定要咨询医生。

注意：按摩婴儿的颅骨可能不会有什么损害，但我很担心按摩脊椎会给婴儿造成严重损伤。

15
神奇的第 6 个 S 法：
睡个好觉
THE HAPPIEST BABY ON THE BLOCK

关键点

◎ 在第四妊娠期中，婴儿的睡眠时间很长。

◎ 12 个有关睡眠的错误看法。

◎ 清醒和睡眠：为什么叫醒睡着的婴儿是聪明的做法。

◎ 用 5S 法帮你的宝宝睡得更久、更好。

◎ 一些简单的步骤可以让较大的婴儿戒断 5S 法。

◎ 婴儿窒息综合征：如何避免这样的梦魇。

◎ 与父母一起睡：为什么在同一个房间睡觉很好，但同床睡很危险。

在给 2 个月大的艾丽做例行检查时，她妈妈沙亚告诉我，艾丽每晚只能连续睡 3 个小时。沙亚半夜要经常起来照顾艾丽，搞得她对照顾宝宝越来越没耐心。

我问沙亚是否仍在包裹艾丽，她说没有。"我大约一个月前开始不再包裹她了，因为晚上挺暖和的，而且她总是从包裹里出来。"我建议沙亚只给艾丽穿纸尿裤，然后用舒适的薄布紧紧地包裹她。薄布要足够大，一定要能把艾丽的身体包裹一圈，同时在她小睡和晚上睡觉时播放白噪声。隔周，沙亚送来好消息：艾丽现在睡得很安稳，她仰卧着睡，每晚几乎能睡 6 个小时。

啊……睡觉！

对大多数新手爸妈来说，睡一晚上好觉就像远方的海市蜃楼一样在疲惫的脑海中闪着微光。

奇怪的是，婴儿其实睡的时间相当长！在最初的几个月里，他们睡得比一生中其他任何时候都多——平均每天睡 16 个小时。

但是，爸妈要给婴儿喂奶、洗澡、换尿布和安抚哭闹，几乎一刻不得闲。如果你的小家伙属于那种每天只睡 14 个小时的婴儿，或者属于白天睡、晚上吃的类型，那第一个月会把你逼疯。

婴儿应该睡多长时间？

大多数新生儿每天睡 14 ~ 18 个小时。这已经很多了，但它会被分割成一些小睡，每次大约 20 分钟到 4 个小时，所以对疲惫的爸爸妈妈来说，就好像收到了 1 000 美元，但都是一美分一美分的。

对于是母乳喂养还是吃配方奶粉更利于婴儿睡眠这个问题，科学家还没有达成一致意见。有些研究显示，吃配方奶粉的婴儿更经常醒来，所以他们的妈妈睡得更少，但其他研究显示，母乳喂养的婴儿醒的次数更多。还有些研究发现两者没有差异。

在婴儿出生后的第一个月里，你要做好每天喂他 10 ~ 12 次的准备。但是那并不意味着晚上你需要每两个小时喂他一次。几周后，当你的母乳量稳定了，你就可以在白天醒着的时候多喂喂婴儿，这有助于晚上拉长两次吃奶之间的时间间隔。

当然，你需要监控婴儿的体重，关注他每天的排尿情况，确保他吃得够多。在极少数的情况下，婴儿会出现尿液呈深黄色，这可能说明他摄入的乳汁太少了。

无论你是母乳喂养还是给婴儿吃配方奶粉，5S 法都有助于改善他们的睡眠。妈妈多睡觉的额外好处是，能增加泌乳量，降低患乳腺炎的风险，并减轻产后抑郁和焦虑情绪。

2个月大的朱利安是我们的最后一个孩子。我希望在半夜给他哺乳，这听起来很不可思议。因为只有在那时，我才可以真正地独自待着，我才可以安安静静地抱着我可爱的小家伙。

格雷琴，
3个孩子的妈妈

知识点
The Happiest
Baby on the Block

你能在睡着的同时醒着吗

人都有睡眠和清醒周期，但你知道吗，它们并不是完全对立的。当我们很疲劳，但依然醒着时，会有一些微睡眠。这时，大脑的部分区域其实已经睡着了，尽管我们依然在行走、说话，在功能上属于醒着的状态。难怪昏昏欲睡的驾驶员容易出车祸。

在睡眠中，你依然会接收到来自外界的持续的信息流。你能听见电话铃响，但很少会从床上起来，尽管你可能就躺在电话边上。

与之类似，婴儿即使在熟睡时也没有完全"不省人事"。这就是为什么当刺激不足：即没有被包裹，睡在静止的床上，周围一片寂静时，他们更容易醒来。

婴儿在第四妊娠期的睡眠

正如你在图 15-1 中看到的，3 周大婴儿的睡眠通常是 2 个小时、3 个小时或 4 个小时的组块（灰色部分），与数小时的清醒交替（白色部分）。他们每天会有 2/3 的时间在睡觉，但通常最长的睡眠时间不超过 4 个小时。到 3 个月大时，他们醒着的时段更长了，一半的婴儿可以连续睡 5 个小时或更多。

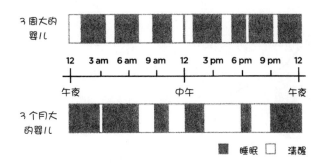

图 15-1　婴儿的睡眠模式

资料来源：改编自小帕米利（A. H. Parmelee Jr.），《新生儿的睡眠模式》
（*Sleep Patterns in Infancy*），《儿科学报》（*Acta Pediatrica*），1961:50:160。

随着第四妊娠期的到来，婴儿的一天会逐渐分为以下 3 个独立的
部分。

1. **清醒时间**：吃奶，了解周围世界。
2. **安静的睡眠**：休息，从白天的辛苦中恢复精力。
3. **活跃的睡眠**：做梦，"复习"和"记忆"白天学到的东西。

正如你在图 15-2 中看到的，安静的睡眠，即非快速眼动睡眠占新生
儿每天总睡眠时间的 50%。在安静的睡眠中，婴儿睡得很沉。他们的呼
吸缓慢而规律；他们一脸沉静，像天使一样；他们的胳膊和腿部的肌肉有
点僵硬，不像布娃娃的胳膊和腿那样软塌塌的。

构成婴儿每天总睡眠时间另外 50% 的是活跃的睡眠，也称为快速眼
动睡眠。期间会发生一阵阵的大脑活动，表现为微小而突然的眼珠运动，
这种睡眠发生在两次安静的睡眠之间。

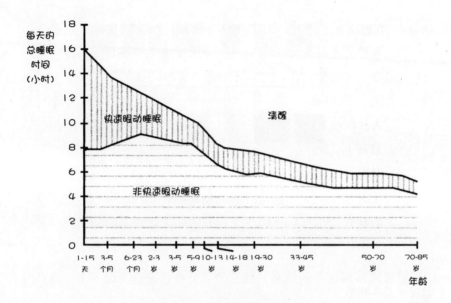

图 15-2　睡眠状态随年龄的变化

资料来源：改编自罗夫沃格（Roffwarg）等，《科学》（*Science*），1966，152：604-619。

　　快速眼动睡眠是神奇的时刻，这时婴儿会做梦，记忆会被存档。在快速眼动睡眠时，婴儿的呼吸变得不规律，胳膊像煮熟的面条一样软，会发出小抽动和令人心醉的微笑。这些早期的小微笑不是肠胃胀气的迹象，而是婴儿在尝试微笑，不久之后这将成为他最有力的社交工具。

　　正如你在图 15-2 中看到的，成年人每晚大约有两个小时的快速眼动睡眠，而婴儿能达到 8 个小时。婴儿为什么会比成人多这么多时间？没人确切地知道原因，但有种说法是，快速眼动睡眠的作用是回顾白天的经历，筛选出新的、重要的事情。成年人的生活相当程式化，因此大脑能以快进的方式扫描白天发生过的大多数事情。相比之下，对婴儿来说，几乎一切都是新鲜的，都是令人惊叹的。这就是为什么他们需要更多的快速眼动睡眠。

他们一定在想："哇！今天发生了这么多新鲜事。我想把每件事都记住！"

成人和婴儿之间的另一个区别是，他们的睡眠周期比较短，只有 60 分钟。所以，如果不使用睡眠暗示，比如包裹和白噪声，婴儿可能每个小时都会醒来。

所有人，包括婴儿、儿童、成年人，每晚都会经历深睡眠和浅睡眠。你可能注意到了，有时半夜里很轻微的声音或一股烟味就会让你醒过来，但有时你对周围事物毫无知觉，电话铃声都吵不醒你。

这种差别取决于打扰发生在处于睡眠周期的什么阶段。处于浅睡眠阶段时，我们最容易被叫醒，醒来后觉得精神抖擞。但是当我们处于深睡眠阶段时，如果被吵醒，我们会不高兴，并感到很疲惫。

与婴儿不同，成人的睡眠周期将近 90 分钟。这听起来好像差别不大，但这正是一些敏感的婴儿常常醒来的原因。

你可以这样想：浅睡眠和深睡眠整夜都在交替，就像三明治里一层层的肉片和芝士。安静睡眠和活跃睡眠的周期一晚上也在不断重复，也像三明治里一层层的肉片和芝士。具有良好的状态控制能力且性格温和的婴儿，即使在浅睡眠阶段醒来，也会重新睡着，除非他们觉得不舒服或饿了。但是自我安抚能力差且性格易激惹的婴儿在浅睡眠阶段醒过来时，往往会大哭。

12 个有关睡眠的错误看法

一些不可思议的事情会被人们当成事实，这有时让我很吃惊。例如，20 世纪 60 年代，医生说婴儿在做包皮环切术时不会感到疼痛，还有哭泣对婴儿的肺是很好的锻炼。有人甚至相信鸦片滴剂是缓解婴儿肠绞痛大哭的最好方法。

但是在你笑得肚子疼之前，你会吃惊地发现，现代医生和家长对很多疯狂的观点都信以为真。以下是 12 个有关婴儿睡眠最常见的错误观念。

错误 1：婴儿需要几个月的时间学习晚上如何好好睡觉

如果你对宝宝使用正确的睡眠暗示，那通常只需要几周时间即可让他养成晚上好好睡觉的习惯。婴儿只需要你坚持使用包裹、白噪声或聪明摇篮来帮助他们每晚练习"清醒 – 睡眠"技术。

错误 2：睡觉时，婴儿需要完全安静

婴儿特别擅长在喧闹的环境中熟睡。在子宫里时，胎儿一天 24 小时都被隆隆响的嘘声包围着。因此，安静的房间对婴儿来说其实是感觉的沙漠，有点像把你关进了小黑屋。

错误 3：每天晚上用摆动或喂奶哄睡会让婴儿对这些暗示产生依赖

这个观点没有完全错，但是依赖是坏事这点却是错误的。

允许我解释一下：我们都会用特定的暗示来帮助自己放松并入睡。比如，你是否喜欢黑暗的房间、特定的枕头、柔软的床单、阅读、看电视，或是白噪声？

在出生之前，胎儿已经习惯了在睡觉时每分钟都享受着令人平静的节奏，所以摇动、嘘声和搂抱对哄睡婴儿很有帮助，这也是为什么乘车会对平息婴儿哭闹有帮助的原因。但这些暗示会变成问题，因为：（a）由于你没法每天逐渐地减少它们，导致婴儿很难戒除；（b）它们放慢了婴儿学习自我安抚的速度，即他们很难在意外醒来时，能自己接着再睡。

好消息是，包裹和白噪声等具有安抚作用的工具不仅可以哄睡，还可以帮助婴儿学习自我安抚。

知识点
The Happiest
Baby on the Block

为什么应该弄醒睡着的婴儿

　　每次把睡着的婴儿放进小床里时都应该把他弄醒，这听起来很不可思议，但这是帮助他学习自我安抚的最好方法。以下是具体步骤。

　　◎ **准备：**包裹婴儿，播放隆隆响的白噪声，喂奶。

　　◎ **哄睡：**让婴儿在你怀里或吃着奶入睡。

　　◎ **放到床上：**轻轻地把他放进婴儿床或摇篮里，但放好后5～10秒内把他弄醒。可以推他或胳肢他、抓挠他的脚心。

　　只要婴儿被包裹着，听着嘘声，吃饱了奶，他应该会稍微哭两声，然后很快睡去。在这几秒里，没有喂奶，没有搂抱或摇动，他会开始学着自我安抚。

　　注意，如果婴儿抗拒再睡过去，你可以调大白噪声的音量，摇动小床，持续几秒。如果哭声继续，就把婴儿抱起来，哄他入睡，然后在放下他时再次把他弄醒。

错误 4：2 个月大时应该停止包裹婴儿

　　实际上，2 个月大时并不适合停止包裹婴儿。出生后 2～4 个月是婴儿哭闹和夜晚醒来的高峰时期。这正是婚姻紧张、儿童虐待、产后抑郁症、母乳喂养困难、车祸和父母肥胖的高发期。但是包裹能很快减少婴儿的哭闹和父母的疲惫。

　　包裹还能使婴儿不那么容易翻滚成俯卧姿势。不过，如果被包裹着，他依然能翻滚，那么就要检查包裹得是否正确，并且整晚都要使用响亮的白噪声。此外，咨询儿科医生后可以使用聪明摇篮和特制的睡袋，它们能防止婴儿意外翻滚。

错误 5：绝不要弄醒睡着的婴儿

正如上文提到的，在把睡着的婴儿放下时，每次都应该把他弄醒。这种"清醒－睡眠"技术可以帮助小家伙培养自我安抚能力，这样他在半夜因为惊跳或打嗝惊醒时，可以自己再睡着。

错误 6：让婴儿自己哭到睡着能让他们睡得更好

为了让婴儿睡得更好，大多数医生建议让婴儿自己在黑暗中啼哭，不去管他。他们建议要么天亮之前不要过去或每隔几分钟过去一下，让婴儿安心。这种方法叫作控制哭泣睡眠训练法。

但无视婴儿夜晚的啼哭完全违背了父母的本能。任由婴儿哭号，借此"教他睡觉"，就像任由汽车警报响着，直到电池电量耗光一样不可理喻。我承认，当爸爸妈妈极度需要睡眠时，偶尔也可使用控制哭泣睡眠训练法，但这只是最后的手段。

幸好爸妈们使用 5S 法后，大多数婴儿能很快养成良好的睡眠习惯，不用被扔在一边大哭。

错误 7：有些婴儿睡觉时需要把胳膊从包裹中拿出来

观察到婴儿睡觉时把小胳膊伸出来的爸爸妈妈会认为，宝宝需要"解放"手臂。但这种情况很少发生。

　　成人不会希望被包裹着，但对婴儿来说，包裹模拟了子宫的环境，能预防他们夜间的惊跳和不安。一开始，婴儿可能会抗拒小胳膊被向下包裹着，但经过一些练习，并伴随着隆隆响的白噪声，他会逐渐习惯胳膊被包裹起来，在生命的最初几个月里也会睡得更好。

错误 8：婴儿应该睡在自己的房间里

　　不用急着让婴儿独立。实际上，把婴儿放在另一个房间里非常不方便爸爸妈妈晚上的照看和喂奶。此外，在 6 个月大之前跟父母同房睡觉被证明能减少发生婴儿猝死综合征的风险。

错误 9：6 个月大时，多数婴儿能睡一整夜

　　这个观点存在两方面的错误。

　　一方面，即使到 6 个月大时，大约一半的婴儿夜里仍会醒来一次，寻求帮助，和爸爸妈妈同床睡的婴儿醒来的次数会更多。

　　另一方面，没有婴儿能睡一整晚。其实，大一些的孩子和成年人也不能睡一整晚。当处于浅睡眠阶段时，我们会稍微醒来两三次。如果在入睡后，房间里发生了改变，比如枕头掉到地上了、有烟雾等，我们通常会完全醒过来。但是，如果当醒来时一切如常，我们很快又会睡着，快到甚至不记得自己醒过。与之类似，当婴儿稍微醒来时，如果有些事情和他入睡时不一样了，比如，他没有躺在你的怀里或者没在吃奶，他很容易彻底醒过来。幸运的是，一旦他学会了自我安抚，再加上白噪声和包裹的一点帮助，就很容易再次睡着，除非他饿了或者觉得不舒服。

错误 10：婴儿必须适应家人，而不是让家人适应婴儿

这个观点太愚蠢了。做父母的重要目标就是建立婴儿的信任感和安全感。在最初的 9 个月里，培养宝宝的安全感比逼迫宝宝形成独立感重要得多。未来你有的是时间让他明白边界和纪律的重要性。

错误 11：白天让婴儿醒着有助于他们晚上多睡

让疲惫的婴儿醒着通常会起反作用，过度疲惫会让他们精神痛苦、抗拒睡觉。相反，白天每隔几个小时睡一会儿的婴儿更有适应力，睡着得更快、更容易，所以你应该在他们目光迷离、精疲力竭之前把他们放到床上。

错误 12：包裹对哺乳不利

有些医疗顾问警告妈妈们说，包裹会干扰哺乳。他们担心如果婴儿的胳膊被直直地包裹着，早期的饥饿信号就不能传递给妈妈，比如吃手。幸好，你不必为此担忧。如果你遗漏了早期的喂奶信号，婴儿的饥饿感就会增加一点，他们会在 10 ~ 20 分钟后给你发出其他信号，包括哭闹。实际上，稍微等一会儿能让他吃得更多、更香，而不是一整天都在吃"零食"。

知识点 The Happiest Baby on the Block

喂奶的信号

婴儿有表达自己需求的复杂词汇表。当感到轻微饥饿时，婴儿会表现出早期的迹象，比如把手放到嘴边，发出"嗯、嗯"的声音。这些信号一小时会发生两三次。昆申部落的妈妈们会响应这些早期信号，每天给婴儿喂奶 50 ~ 100 次。

如果忽视了早期的信号，会发生什么情况？不要担心，婴儿不会放弃的。接下来他会发出要求更高的中期信号。这包括觅食反射，比如张着嘴向两侧转头，寻找乳头，或是睁开眼睛，做出更多活跃的动作。如果这还没能引起注意，他会发出终极信号：扭动、哭闹。

当然，你应该不会忽视最后一个信号。即使你刚喂完他 10 分钟，如果他哭闹，你依然应该再喂些。有些婴儿刚吃完奶，没过一会儿就发现自己需要再吃一些才能"加满油"，才能舒舒服服地睡觉，于是便哭闹起来。

但是，忽视早期的信号，让宝宝多睡一会儿其实是明智的做法。妈妈多睡一个小时能减轻产后抑郁，预防乳腺炎，增加乳汁分泌，从而改善哺乳质量。所以几百家哺乳诊所都会教妈妈们包裹婴儿并使用其他几个 S 法，帮助妈妈们成功地哺乳。

注意，在最初的一两个月里，在白天你应该隔几个小时就把婴儿弄醒，给他喂奶，这样可以让他晚上睡得更好。

最好的睡眠暗示：用 5S 法促进睡眠

我们都会用特定的暗示为睡觉做准备。给我一间凉爽的房间、一个羽毛枕头、结实的床垫、雨水打在屋顶上发出的白噪声，我会很快入睡。有些人会看着书或电视入睡。我打赌，你一定知道有些成年人对两种睡眠暗示很"上瘾"：床和枕头，他们会拒绝住没有床和枕头的旅馆。

好吧，你明白我的意思了吗？我们都是习惯性生物，都喜欢特定的睡眠暗示或睡眠联系，婴儿也是。

2004 年，有一项对 1 500 个家庭进行的睡眠调查发现，爸爸妈妈们最常给婴儿使用的睡眠暗示有以下这些。

◎ 60% 的爸爸妈妈会摇着婴儿入睡。

◎ 75% 的婴儿会吃着妈妈的奶水或奶瓶入睡。

◎ 15% ~ 30% 的父母大多数时候和婴儿同床睡觉。

爸爸妈妈们常常担心用摇动、哺乳等哄睡方式会让婴儿养成"坏习惯"。有些医生警告说，哄婴儿睡觉会成为"拐棍"，破坏他们在凌晨两点醒来时进行自我安抚的能力。但好的睡眠暗示和坏的"睡眠拐棍"之间存在着巨大的差异。好的暗示能帮助婴儿快速入睡、睡得更久，而且易用、易戒断。相反，坏的睡眠暗示不好用，不仅会令婴儿精疲力竭，而且很难戒断。例如，如果你需要拍打宝宝的屁股 30 分钟，他才能睡着，而且一晚上需要拍几次，那我认为你用的显然是坏的睡眠暗示。

研究证实，某些睡眠联系确实会造成睡眠问题。英国的一项研究发现，每晚被摇动着、喂着奶入睡的婴儿在 3 个月大时会有更多的睡眠问题。挪威有一项大规模的研究显示，6 个月大时和父母同床睡觉的婴儿长到 18 个月大时，晚上醒来的风险是其他婴儿的 3 倍。

幸好，5S 法是所有睡眠暗示中最好的。这些方法不仅易用、易戒断，而且能快速起效。以下列举了使用它们改善婴儿睡眠的方法。

第 1 个 S 法：包裹

这个世界对小婴儿来说太大了。在子宫中时，胎儿总是在紧紧的"搂抱"中睡觉。柔软的子宫壁包裹着他们的胳膊和腿，防止他们惊跳和抽搐。难怪没被包裹的婴儿睡在大大的婴儿床上会感觉很怪异，就好像在

"自由漂浮"。

研究显示，像子宫一样包裹婴儿能促进睡眠。德国的一项研究综述发现，包裹能将婴儿晚上醒来的次数减少 50%。其他研究报告称，包裹能将婴儿的睡眠时间增加 45 分钟。

但是，与预期相反，被包裹的婴儿睡得更久，并不是因为他们睡得更深。换言之，被包裹的婴儿不会睡得很沉。一项研究发现，包裹不仅能促进睡眠，还能促进婴儿对周围环境的感知。

当婴儿哭闹得太多时，极度疲惫的妈妈会让他们趴着睡觉，或者和他们一起在床上或沙发上睡着。包裹能够减少婴儿的哭闹，促进睡眠，从而减少让婴儿趴着睡，或者和妈妈一起在床上或沙发上睡着的情况。美国华盛顿州的一项研究发现，包裹婴儿的妈妈更有可能让婴儿平躺着睡觉。

另外，包裹使婴儿不太能翻滚成俯卧姿势。要知道，晚上的翻滚会使婴儿猝死综合征的风险提升 8 ~ 45 倍。如果婴儿被包裹着仍能翻滚，你就需要确认自己包裹得是否正确，并播放响亮的白噪声。如果婴儿依然能翻滚，你需要咨询医生能否让他睡在放平的秋千或摇篮里。

注意：一定要进行安全的包裹，不要让婴儿太热，不要用厚重的毯子，确保婴儿的髋部和双腿能很容易地弯曲和打开。

第 2 个 S 法：侧卧 / 俯卧

侧卧和俯卧是安抚婴儿的最佳姿势，但仰卧是小睡和晚上睡觉时唯一安全的姿势。美国儿科学会表明，当婴儿能翻身时，俯卧睡觉是安全的，但我非常不赞同。运动能力强的婴儿两三个月大时就能翻身，但这正是婴儿猝死综合征高发

注意：每天让婴儿俯卧一会儿，可以帮助他锻炼颈部和背部肌肉，当然，这要在你的看管下进行。这种锻炼有助于他发展出救命的能力，让他能自己把头从床垫上抬起来，把脸扭向侧面。

的月龄期。幸好，包裹和白噪声有助于婴儿在四五个月大之前减少他们的烦躁不安，避免他们翻滚。到四五个月大时，80% ~ 90% 的婴儿猝死综合征发生的风险就已经过去了。

第 3 个 S 法：嘘声

有些爸爸妈妈认为，包裹完全可以满足婴儿的需要，但这是错误的。

在出生后的几个月里，白噪声像包裹一样重要。4 ~ 12 个月大的婴儿需要声音作为最重要的睡眠暗示。那是因为，如果睡觉时只用包裹这一个 S 法，那么在停止包裹时，婴儿会突然崩溃。外界小小的干扰，比如邻居的吵闹、经过的飞机、走廊的灯光，或者内在的不适，比如出牙、有点冷、一丝饥饿感或一点点胀气都会让他们醒过来。一旦被唤醒，4 个月大的婴儿就会用哭声招呼你过来抱他、哄他。

幸好，白噪声能让婴儿不去注意这些干扰。如果婴儿确实醒了，那熟悉的隆隆声也有助于他再次入睡。

声音会通过以下方式帮助婴儿睡眠。

◎ 在生命最初的几个月里，白噪声能使婴儿的镇静反射一直处于激发状态。

◎ 白噪声能减少婴儿扭动，因此也能减少因扭动造成的翻滚。

◎ 在停止包裹后，能长期保持婴儿睡眠良好。一旦包裹被戒断，白噪声会成为关键的睡眠暗示，它就像声音版的玩具熊。

令人吃惊的是，美国睡眠协会调查显示，只有不到 1/3 的父母会使用这种有助于培养孩子独立性的睡眠暗示法。

伴着隆隆响的声音，婴儿睡得最好。播放大自然中的声音，比如海浪声或蟋蟀的唧啾声，通常无效。注意，音乐可以哄婴儿入睡，但在夜晚他们睡着之后，音调的改变会把婴儿惊醒。

为了达到最佳催眠效果，在一整年或更长的时间段里，你可以整晚以及在婴儿所有睡觉的时间都播放白噪声。婴儿入睡 30 分钟后关闭白噪声会减少婴儿的睡眠，因为如果婴儿半夜醒来，陌生的寂静环境会让他们感到不安。白噪声机发出的声音如果音调太高、太刺耳，也是有问题的。高音调的声音对安抚婴儿哭闹很有效，但为了促进睡眠，你需要模拟子宫中低沉的隆隆声，音量大约为 65 分贝。

注意：就像包裹一样，只在婴儿哭闹和睡觉时使用白噪声，不要一天到晚地使用。在进行睡前的例行程序时，用低音量的白噪声作为背景乐也是一个很好的主意。它会提醒婴儿，甜蜜的睡梦就要开始了。

知识点　The Happiest Baby on the Block

防止抑郁：白噪声的一个令人吃惊的好处

对新手妈妈来说，疲惫和抑郁会形成可怕的恶性循环。我们在疲劳时都会变得沮丧，而产后抑郁尤其令人痛苦。担忧的想法常常在夜晚出现，它们会撕碎你的睡眠，导致更糟糕的疲惫和焦虑循环。

新泽西州虚拟健康公司（Virtua Health）的健康教育者报告称，抑郁的妈妈通过学习 5S 法，会减少做母亲的焦虑感和紧张感，睡眠和信心会增加，伤害孩子的冲动也会减少。虚拟健康公司的护士说，白噪声除了对婴儿有帮助之外，还能安抚半夜里令妈妈们苦恼的焦虑思绪，帮助她们获得恢复精力所需要的睡眠。

一位爸爸写道："声音是帮助我们的小赛琳睡觉的神秘礼物。特别酷的是，下雨的声音不仅能安抚我们的宝宝，还能安抚我抑郁、失眠的妻子。她入睡得更快了，当火车经过时，她也不会再被吵醒。"

你讨厌夜晚的噪声吗

有些成年人对声音很敏感。地板轻微的吱嘎声或手指在桌子上的敲击声都会让他们很心烦。他们常常说，彻底安静是他们最喜欢的睡眠暗示，因此当新生儿睡在他们床边时，他们通常不太愿意播放白噪声。

其实，这些成年人只是对高音调敏感，对白噪声并没有那么敏感。他们可以在飞机、火车上入睡，喜欢听雨声，但嘶嘶啦啦的声音会让他们发疯。

如果高音调的噪声让你心烦意乱，那么以下这些步骤能帮助你适应白噪声。

◎ **选择恰当的白噪声。**可以使用低音调的白噪声，比如我最喜欢的声音是经过特殊处理，变得格外低沉的雨水打在屋顶上的声音。

◎ **每天傍晚都轻声播放白噪声。**几个小时的白噪声背景乐有助于你的大脑熟悉它。

◎ **整晚使用白噪声，逐渐增加音量。**听过一周白噪声的背景乐后，开始整晚轻声地播放它，逐渐增加音量，达到淋浴喷头的音量，这样持续一周。如果你依然觉得声音令人心烦，可以在扬声器上盖块毛巾，过滤掉更多高音调的声音。

◎ **尝试用耳塞。**如果以上方法都失败了，可以用一副好耳塞屏蔽掉声音，但要确保有其他人能听到婴儿的哭声。

第 4 个 S 法：摇动

摇动对安抚婴儿哭闹特别有效。事实上，对一些充满活力的男宝宝来说，这是唯一能安抚他们哭闹的方法。这也适用于哄睡。所有的婴儿都喜欢被摇着入睡，但 10% ~ 20% 的婴儿不仅是喜欢，而且是需要。然而，振动和轻微的摇动对这些婴儿来说太温柔了，除非被摇着，否则连包裹和白噪声也帮不了他们。

如果你已经使用了白噪声和摇动法，宝宝依然睡得不好，那么请使用聪明摇篮，它可以整晚提供安全的襁褓，提供最合适的白噪声和令婴儿平静的摇动。或许在征得医生的同意后，也可以让婴儿在完全放平的秋千上睡觉。当然，你必须给他系好安全带。

注意： 美国儿科学会警告爸爸妈妈，不要让婴儿在安全座椅、婴儿椅或秋千上长时间小睡，更不能让他们晚上在这些地方睡觉。

第 5 个 S 法：吮吸

吮吸乳房或安抚奶嘴对婴儿具有非常好的安抚作用。吮吸着安抚奶嘴入睡的婴儿发生猝死的风险较低，即使睡着后不久，安抚奶嘴从他们嘴里掉了出来也没关系。

信不信由你，婴儿的牙齿在他们三四个月大时就开始萌发了。在这个时候，你必须开始帮助他们预防蛀牙了。一旦婴儿的牙长出来了，一次吮吸的时间不要超过 30 分钟。长时间吮吸乳房或奶嘴会让新长出来的牙浸泡在甜甜的乳汁里，导致细菌的生长。在最初 3 个月里，如果你的小家伙想要更长时间地吮吸，请给他吃安抚奶嘴，或者装着白水或用开水泡制并晾凉的薄荷水或甘菊水的奶瓶。

5S 法让睡眠更安全

荷兰和美国的研究报告了一些坏消息：爸爸妈妈们经常让哭闹的婴儿俯卧在床上。但好消息是，如果能减少婴儿的哭闹，改善他们的睡眠，就能让妈妈们不太会使用不安全的催眠技巧。实际上，这正是华盛顿州一项研究的结果：包裹婴儿的妈妈让婴儿平躺着睡觉的可能性显著增加了。

值得庆幸的是，通过改善婴儿的睡眠，我们可以促使疲惫的爸爸妈妈听从让婴儿仰卧睡觉的建议。

戒断 5S 法

当第四妊娠期过去之后，镇静反射会逐渐从自动的反应转变为熟悉的、令人安心的睡眠暗示，它们只有在婴儿适合被安抚时才起作用。嘘声对 2 个月大的婴儿具有神奇的安抚作用，但对愤怒的 10 个月大婴儿发出嘘声只会让你和他都更恼火。

当聪明的婴儿渐渐记住了睡前程序后，这些模式会变成良好睡眠的关键。"啊，洗澡，摇篮曲，嘘声……我已经觉得困了。"

但是就像孩子学骑自行车一样，他们会长大，不再需要辅助轮，婴儿最终也要学会使用较少的睡眠暗示。第一个需要戒除的 S 法是摇动。如果医生允许你使用完全放平的秋千，三四个月大通常是开始戒除摇动的时机。先把摇动速度降到最低挡，持续几天。如果婴儿依然能睡得很好，那么就让他睡在不动的秋千里。几天后，如果他依然能睡得香甜，再把他移入婴儿床。

到四五个月大时，大多数婴儿已经准备好告别襁褓了。但到那时，包裹依然有用，因为它可以安抚哭闹，改善睡眠，减少意外翻滚的风险。大约 80% 在睡眠中死亡的婴儿月龄不超过 4 个月。

　　用两步法戒除包裹：第一步，依然是紧紧地包裹，但留一只胳膊在外面。第二步，如果过了几天一切顺利，你就可以彻底停止包裹了。如果只包裹一只胳膊的情况下，婴儿夜里醒来的次数增加了，那么再完全包裹一个月。

　　接下来要戒断的是吮吸，通常在婴儿 6 个月大时戒断。睡觉时使用安抚奶嘴能降低婴儿猝死综合征的风险。到 6 个月大时，90% 的婴儿猝死综合征风险已经过去。1 岁大时再戒除安抚奶嘴有时会变得困难很多，因为此时婴儿与安抚奶嘴之间已经形成了更多的情感依恋。

　　最后一个要戒除的是嘘声。刺耳的白噪声能促进睡眠，即使出牙、生长突增和轻微的寒冷也不会让婴儿醒过来。所以我建议到婴儿 12 个月大或更晚时再戒除白噪声。

　　戒除声音很容易，只需要在一两周内逐渐降低声音的音量就可以了，白噪声很快会成为历史。如果在旅途中或者在婴儿生病期间，你想重新开始使用白噪声，只要在几天里逐渐增加音量就可以。

注意：如果你在婴儿小睡和晚上睡觉时播放白噪声，戒除包裹就会比较容易。一旦解开了包裹，4 个月大、爱社交的婴儿在寂静无声的房间里会更频繁地醒来。

注意：白噪声有助于学步儿甚至更大的孩子在度假时或充满压力的情境中，比如有了新的弟弟妹妹、生病、邻居的吵闹或感到恐惧时好好睡觉。

怎样让婴儿遵循时间表

　　学步儿非常喜欢例行常规，那么婴儿呢？他们是欢迎例行常规，还是回避它？就像很多育儿方面的问题一样，正确答案不止一个。

　　时间表是现代的概念，古代人不会根据日冕上的时间来喂养婴儿。但是对如今的妈妈们来说，有条理、有计划的生活太重要了，而且能帮助婴儿适应家庭的时间表。

当然，忽视婴儿的哭闹，过于刻板的时间表是有违自然、缺乏爱心的。但是具有一定灵活性的时间表，比如设定大致的喂奶时间和睡觉时间，可以发挥很好的作用。

一项有关哺乳的研究发现，在时间表上做如下两个简单调整能大大改善婴儿在头两个月里的睡眠。

1. 在晚上 10 ~ 12 点之间弄醒婴儿给他喂奶。

2. 婴儿晚上哭闹时，先抱几分钟或者换换尿布，然后再喂奶。

使用这两个步骤，在前 3 周里，100% 的婴儿能连续睡 5 个小时；而不使用这个时间表的婴儿，只有 23% 能连续睡 5 个小时。

婴儿是学习专家，所以灵活的时间表有这么大的益处并不令人吃惊。在出生之前，胎儿就开始认识你的声音和最喜欢的音乐了。因此，学习何时吃奶和有规律地睡觉并没有超出他们的能力范围。

有些专家建议给婴儿使用"吃、玩、睡"的时间表。他们希望用短时间的玩耍来隔开吃奶和睡觉，也就是不总让婴儿在睡觉前吃奶，他们认为这有助于婴儿学会在凌晨两点醒来时，不吃奶就能自己接着睡。

这听起来很符合逻辑，但事实上违背了婴儿的生理特点。婴儿在吃完奶后会变得困倦，无论你怎么逗他、和他玩，他都不理你。此外，在睡觉前，你会希望把小家伙的肚子填满，以便让他睡得更久些。

如果你打算使用时间表，我建议你等宝宝 1 个月大、哺乳进行得很顺利了再用。你可以按照以下步骤进行。

> **注意：** 严格遵循时间表，比如即使婴儿饿得大哭，你也绝不改变计划，这是违背父母本能的，会让我们不停地看表，导致婴儿喂养不足。

◎ 白天多抱抱婴儿，帮助他明白白天和夜晚的差别。

◎ 在白天，每隔 1.5 ~ 2 小时喂一次婴儿，然后让他睡觉。务必在他打哈欠、眼皮打架之前就让他小睡。

◎ 如果小睡超过两个小时，就弄醒他，让他玩会儿或给他喂奶。长时间的小睡会减少婴儿白天吃奶的次数，这样婴儿晚上会更饿。

◎ 在安静的房间里给婴儿喂奶，这样他就不会因分心而拒绝吃奶。

◎ 在小睡或晚上睡觉前 20 分钟，打开白噪声并调暗灯光。这会让婴儿的神经系统平静下来，给他明确的信号：睡觉时间到了。用"清醒－睡眠"法帮助他学习自我安抚。

◎ 每晚 10 ~ 12 点之间弄醒婴儿，让他在半梦半醒之间吃饱奶，为睡长觉做准备。

如果你生的是双胞胎，或者还有其他孩子，或者是单亲爸爸或妈妈，又或者你需要外出工作，那么灵活的吃奶、睡觉时间表会很有帮助。但是，关键词是"灵活"。如果你计划让婴儿下午 1 点小睡，但小家伙 12 点半就很困了，通融一下也没什么关系。那就早一点喂奶，让他早一点睡觉。如果婴儿在计划的喂奶时间之前就饿了，可以尝试让他转移注意力，但是如果婴儿继续哭闹，你就应该马上喂他了，等下次再恢复计划的喂奶时间。

让时间表良好运转的关键

为了让时间表形成规律，每晚都要遵循如下能让婴儿平静的例行程序：

◎ 打开昏暗的灯光；

◎ 播放轻柔的白噪声；

◎ 洗个暖和、舒服的澡；

◎ 吃香甜的奶水；

◎ 被舒适地包裹；

◎ 听轻柔的摇篮曲。

一周之内，这些程序会开始发挥催眠作用。当你开始这套程序时，婴儿会想："哇，我已经困了！"

父母的噩梦：婴儿猝死综合征与窒息

近 70 年来，一种叫作婴儿猝死综合征的神秘疾病成了 1 ~ 12 个月大婴儿的首要杀手。2 ~ 3 个月大是婴儿猝死综合征高发的时期，其中 90% 的死亡发生在婴儿 6 个月大之前。

在 20 世纪 80 年代，美国每年有 5 000 名婴儿死于婴儿猝死综合征。在那时，我们认为他们可能是因呕吐物导致窒息而死亡的。而且，奶奶会告诉你，趴着会让婴儿睡得更好。

后来在 20 世纪 90 年代，医生意识到这种做法错了。如果婴儿仰卧，即使睡觉时吐奶，他们也不会窒息，而只会吞下去，或者让奶流出来。我们发现俯卧存在很大的问题。事实上，俯卧使婴儿猝死综合征的发生风险提高了 3 ~ 8 倍。

医生的观点立即发生了急转弯，他们开始要求父母们只让婴儿仰卧着睡觉。几年间，仰睡运动成了美国医学史上最成功的运动之一。婴儿猝死的概率减少了 50%，一年里拯救了上千名婴儿的生命。

可惜，在过去 20 年里，这个巨大的进步进入了平台期。婴儿猝死综合征导致的死亡不再减少，而且因为婴儿在沙发上睡着了，以及父母与婴儿同床睡觉等导致的窒息死亡数量翻了两番。美国政府报告称，每年仍有 2 000 名婴儿死于婴儿猝死综合征，但还有大约 1 500 名婴儿死于睡觉时的窒息或其他未知的原因。

"9·11"事件导致 3 000 多人死亡，这也正是每年在睡梦中死去的无辜婴儿的数量。而且这种情况还在变得更糟，因为更多的家长和婴儿在同床睡觉，或者让婴儿在危险的地方，比如沙发、躺椅、豆袋坐垫、充气床垫、水床、汽车座椅、婴儿提篮和设计糟糕的背带里睡觉。苏格兰的研究者发现，在沙发上睡觉的婴儿出现婴儿猝死综合征的风险更高，甚至高出 60 ~ 70 倍！美国的研究证实了这一点。

注意：一定要小心！大约一半在沙发或躺椅上给婴儿喂奶的妈妈会睡着，后果可能会很悲惨。

知识点　The Happiest Baby on the Block

避免婴儿猝死综合征和窒息的 12 种方法

任何人都不想探讨婴儿猝死综合征这个主题，幸好有很多方法可以显著降低婴儿猝死的风险，比如下面这 12 种。

1. 只让婴儿仰卧着睡觉。

2. 尽可能哺乳：这可以减少 50% 的婴儿猝死综合征风险。

3. 不在家里抽烟：自己不抽烟，也不允许其他人这样做。不要用柴火炉，不要焚香、点蜡烛，不要使用壁炉，除非房间的通风非常好。

4. 避免过热或过冷：让房间温度保持在 20℃～ 22℃，不要给婴儿戴帽子或穿得太多。婴儿的耳朵摸起来应该是微温的，既不凉也不热。

5. 至少在婴儿出生后的最初 6 个月里要和婴儿在同一个房间里睡觉。

6. 小睡和晚上睡觉时要紧紧地包裹婴儿。

7. 睡觉时让婴儿叼着安抚奶嘴。如果你用母乳喂养，等过几周哺乳进行得顺利后再给他用安抚奶嘴。

8. 最初的 9 个月不要和婴儿一起睡。绝对不要让他在沙发、躺椅、扶手椅、豆袋坐垫或水床上睡觉。

9. 拿掉婴儿睡觉区域里的枕头、玩具、毛绒动物、缓冲垫，或者容易导致窒息的厚的或蓬松的床上用品，比如羽绒被、枕头、定位垫、羊毛毯等。

10. 在你的看护下让婴儿练习俯卧，帮助婴儿锻炼肌肉力量，使他们能把脸从有窒息危险的位置转开。

11. 不要让婴儿坐在汽车安全座椅、婴儿提篮或秋千里长时间睡觉，尤其是早产儿和发育迟缓的婴儿。

12. 使用配有特殊睡袋的聪明摇篮，可以避免婴儿意外翻滚。

可惜，目前还没有防止婴儿猝死综合征发生的万全之策。但是大多数受害婴儿睡觉时存在以上列出的两个或多个风险因素。因此，遵照这些建议一定会让你的宝宝更安全。

知
识
点

The Happiest
Baby on the Block

5 条确保婴儿安全睡眠的建议

这里有另外 5 种让婴儿睡得更安全的方法。

1. 绝不要把婴儿独自放在成年人的床上。即使在最初几个月里，婴儿也有可能因为扭动或翻滚而意外摔落。

2. 使用烟雾报警器，定期检查它们是否好用。

3. 在靠近卧室的过道里安装一氧化碳检测器。

4. 在每层楼容易拿到的地方存放灭火器。

5. 为地震、龙卷风、飓风和火灾制定应急计划。如果你居住的楼层比较高，准备一架绳梯和火灾逃生面罩。

在同一房间陪宝宝入睡

婴儿应该睡在爸妈的房间里，还是应该睡在自己的婴儿房里？

从人类社会早期开始，父母就和婴儿一起睡觉，这样可以互相保护、互相取暖，照顾起来也比较方便。然而，在 20 世纪初，美国的父母被告知，孩子应该睡在自己的房间里，以防他们被惯坏。于是爸爸妈妈们结束了几千年来的做法，把婴儿搬到了他们自己房间里的婴儿床上。如今，有些美国父母依然认为睡觉是孩子学习保护隐私和自力更生的时间。有的人甚至把与婴儿同一个房间睡觉视为父母的牺牲。

但是经过 9 个月的怀孕后，直接把婴儿安置在另一个房间里，这个变化太突然了。此外，在同一个房间睡觉也便于在凌晨两点给婴儿换尿布和喂奶，这样你就不必东倒西歪地走过冰冷的走廊。而且，在同一个房间里睡觉也更安全！在刚出生的最初 6 个月里，让婴儿睡在父母大床的旁边能降低婴儿猝死综合征的风险。

不用担心婴儿会习惯在你的房间里睡。如果你在他 5 个月左右大的时候开始用婴儿房让他小睡，6 个月左右大时让他晚上独自在婴儿房里睡觉，那么这种过渡不会有什么困难。在五六个月之后结束同房睡觉也是可以的，但时间拖得越长，婴儿就越难适应这个改变。但如果继续使用在你房间里一直在用的白噪声，改变会容易一些。

大多数妈妈发现，知道婴儿就在自己旁边会让她们睡得更踏实。白噪声甚至能帮助半夜起来喂奶的爸爸妈妈重新入睡。

同床共眠是好主意还是危险行为

正如我在上文提到的，父母和婴儿睡在一张床上是一种古老的育儿方法。一个世纪前，西方国家差不多已经摒弃了这种习俗，但最近它逐渐变得流行起来。过去 20 年里，父母和婴儿同床睡觉的情况增加了一倍。图 15-3 显示，在 2010 年，大约 25% 有不足 6 个月大婴儿的家庭会把婴儿抱到父母的床上睡，西班牙裔家庭占 33%，黑人家庭占 38%，白人家庭占 17%。

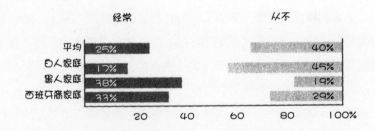

图 15-3　同床共眠的婴儿家庭分布情况

资料来源：改编自美国疾病控制与预防中心（Center for Disease Control and Prevention），2009—2010 年孕育风险评估监控系统。

为什么现代与婴儿同床共眠的情况增加了一倍？有些妈妈这样做是为了方便哺乳，有些是因为这样做似乎"更自然"。但大多数父母这样做是为了多睡会儿。然而，医生和专家警告说，70% 的婴儿睡眠死亡发生在和成年人同床时。

那么，怎样做是正确的？婴儿与成年人同床睡是古老的传统，这样做可以享受亲子的亲密体验，但会引发悲剧吗？

就个人而言，我对婴儿与成年人同床睡感到担忧出于以下两个原因。第一，这会引起更多的睡眠问题。正如我在上文提到的，研究者发现，3个月大时，和成年人同床睡的婴儿晚上醒来的次数更多。一项对美国和挪威家庭进行的大型研究显示，6 个月大时，婴儿与成年人同床睡觉会使婴儿在 18 个月大时晚上多次醒来的可能性增加两倍。美国宾夕法尼亚州的一项研究发现，与婴儿同床睡的妈妈发生产后抑郁和不满的概率比较高。新西兰的一项研究发现了另一种睡眠问题：在 1/4 和婴儿同床睡的家庭中，爸爸们会搬到另一个房间去睡。

第二个原因更令人担忧，那就是同床共眠会增加婴儿猝死的风险。有些专家对此嗤之以鼻，说这些妈妈整晚都会"关注"自己的孩子，不会让他们发生危险。他们说只有在存在其他风险，比如枕头、毯子，或者爸爸妈妈抽烟、肥胖、醉酒或嗑药等时，同床共眠才是危险的。但是很多悲剧是在没有这些风险因素的情况下发生的，尤其是在婴儿刚出生的头 3 个月里。

荷兰的一项研究发现，在婴儿刚出生的头 4 个月里，与成年人同床会使婴儿猝死综合征的发生风险提高两倍。一项多国大型研究报告称，即使妈妈用母乳喂养，而且不抽烟、不喝酒，婴儿 3 个月大之前与成人同床睡觉也会使婴儿猝死综合征的发生风险提高 5 倍。美国一项针对出生 3 个月内婴儿死亡的研究发现，其中大约 70% 的死亡发生在与成年人同床的情况下，这意味着每年有 2 000 多例可预防的婴儿死亡在发生！

为此，医生发起了大规模的倡导运动，他们把婴儿安全睡眠的知识教给爸爸妈妈们，希望这样的教育能减少婴儿死亡。"ABC"运动建议让婴儿独自睡（alone）、仰卧睡（back sleeping）、睡在婴儿床里（in a crib）。

注意： 对大一些的婴儿来说，家庭床既美好又安全。正如图 15-4 所示，大多数婴儿的意外窒息和勒颈发生在 6 个月大之前，12 个月大之后极少发生。因此，如果你考虑和婴儿同床睡觉，我建议至少等到婴儿 9 个月大时。美国儿科学会建议至少到婴儿 1 岁后。

然而，婴儿安全公共教育忽视了非常关键的一点：父母们不理会医生的担忧是因为医生没有理会父母的担忧。在我们唠叨着让婴儿仰卧睡觉时，父母们会反驳说："嗨！我的宝宝讨厌不被搂抱着、仰卧睡在安静房间里空荡荡的小床上。他只有和我一起睡才能睡得好。我需要他安稳地睡觉，因为我太累了！"

疲惫的爸爸妈妈忽视医生的建议是因为他们睡得不够。他们不是坏父母，只是特别渴望安抚好婴儿，获得充足的休息，以便应付第二天的生活。这些爸爸妈妈觉得自己的感受被提出这类建议的医生无视了，医生建议他们"让婴儿哭到自己睡着"，或是"等几个月"让肠绞痛自己消失。

　　幸好 5S 法既可以保证婴儿的安全，又可以帮助爸爸妈妈们获得他们所需的睡眠。医生必须在安全睡眠的建议中添加改善婴儿睡眠的建议。运用包裹、白噪声和摇动改善婴儿的睡眠，可以使爸爸妈妈不去冒不必要的风险。

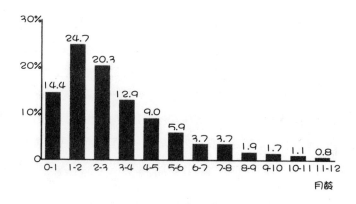

图 15-4　新生儿因为窒息 / 勒颈导致的意外死亡率

资料来源：改编自婴儿猝死综合征特别小组的《婴儿猝死综合征以及其他与睡眠相关的婴儿死亡》（*SIDS and Other Sleep-Related Infant Deaths*），《儿科学》（*Pediatrics*），2011,128：e1341-e1367。

知识点
The Happiest Baby on the Block

醉酒的爸爸妈妈：同床共眠的另一种风险

　　美国情景喜剧中常会拿疲惫的新手爸妈开玩笑，剧中的他们甚至累到会把防晒霜或其他类似的东西当成牙膏来刷牙。我认识的一位新手妈妈太累了，她在把车停到车位里时，有几秒失去了意识，直接把车撞进了建筑物里。曾经很火的一款 T 恤衫上印着一位疯了似的妈妈在说话："哦，不！我把孩子落在巴士上了！"

有半数新手妈妈每晚的睡眠不足 6 个小时，并持续数周，有时甚至持续数月。这令产后妈妈的糟糕睡眠雪上加霜。

你知道吗，极度疲惫会让人像喝醉了酒一样头脑不清醒。

如果你没喝醉，你绝不会把婴儿抱上你的床。但是如果你非常疲惫，大脑就像喝醉了一样不好使，那会怎样呢？

宾夕法尼亚大学的研究者对晚上只睡 6 个小时和睡够 8 个小时的成年人分别进行了评估。研究者测试了他们的注意力和思考能力。休息得好的小组表现不错，只睡 6 个小时的小组随着时间流逝，大脑受损情况越来越严重。睡眠不足持续 2 周后，只睡 6 个小时的那组人的注意力下降到了相当于醉酒者的水平。

当然，研究只是证明了你已经知道的：极度疲惫会使我们摇摇晃晃、语无伦次，还会损害我们的判断能力、记忆力，增加反应时长。值得警惕的是，2004 年，美国睡眠协会调查发现，约有 48% 的爸爸妈妈承认在困倦时开过车，10% 的人承认开车时曾经睡着过。

那么，如果你和婴儿同床睡觉，你的疲惫是否会给婴儿带来风险？很不幸，这是肯定的。

新西兰的研究者在一些婴儿与成人同床共眠的家庭安放了摄像头。在睡眠的约 2/3 的时间里，差不多长达 6 个小时，妈妈们会让婴儿处于危险的侧卧姿势。其中 40 个婴儿中会有 1 个翻滚成俯卧姿势。英国医生拍摄的夜间录像显示，1/3 和婴儿同床的妈妈会无意中把胳膊或腿压在婴儿身上。大多数和成人一起睡觉的婴儿在某些时候脸上会盖上床上用品，并且每次都是父母造成的。新西兰的研究者证实了这个发现，并指出与成人同床睡觉的婴儿的脸每晚都会被盖住近一个小时。

你会说："嗯……我知道我累了，但没觉得那么累。"问题在于，醉酒者判断不出自己有多疲惫。当我们极度劳累时，大脑的部分区域可能会睡着。这时你根本意识不到自己的头脑有多不清醒。

注意，为了避免和婴儿一起睡，有些妈妈半夜里会东倒西歪地来到客厅，在沙发或躺椅上给婴儿喂奶。但是即使这样，你也需要保持警惕！几乎一半在沙发上喂奶的妈妈会边喂奶边睡着。在沙发或椅子上睡觉的婴儿猝死的风险也会高出很多。

父母与婴儿同床共眠的拥护者经常会指出，有研究发现父母与婴儿同床共眠和让婴儿睡婴儿床一样安全。他们说，日本的父母经常和婴儿一起睡，但婴儿猝死综合征的发生率很低，这可能是因为他们使用的是比较硬的日式床垫。他们还说，一起在床上睡比一起在沙发上睡更安全，尽管他们承认，两者都和婴儿死亡率上升有关。几项有关婴儿猝死综合征的研究发现，只要父母是清醒的、留心的，而且不抽烟，与婴儿同床睡并没有提高婴儿猝死的风险，但这些研究没有考虑疲惫的问题。

如果即使考虑到了这些担忧，你依然非常想和婴儿同床睡，那么以下是一些有助于降低风险的建议。

◎ 母乳喂养可以将婴儿猝死综合征的风险降低 50%。

◎ 不抽烟，不喝酒，不使用药物，甚至不服用抗组胺剂。

◎ 去掉厚重的床上用品，比如枕头和毯子。

◎ 不要使用水床、豆袋坐垫、充气床垫、沙发或躺椅。

◎ 绝不要在无人看管的情况下，单独让婴儿待在床上。

◎ 确保婴儿不会从床上掉下来。早在一两个月大时，婴儿就会有这样的危险。

◎ 避免让婴儿意外卡在床和墙壁之间，或者床和床头之间。

◎ 好好休息！对婴儿来说，极度疲惫的你像喝醉酒的人一样危险。

◎ 睡觉时让婴儿使用安抚奶嘴。

◎ 绝不要和早产儿或体重过低的新生儿一起睡觉。

◎ 让房间温度保持在 19℃ ~ 22.2℃。摸摸婴儿的耳朵和鼻子，确保这些部位既不凉也不热。

◎ 不要让婴儿和兄弟姐妹、动物或肥胖者同床睡觉。

◎ 让婴儿睡在爸爸或妈妈的一侧，不要睡在两人中间。

◎ 确保婴儿、全家人和照顾者都及时接种了疫苗。

◎ 不要在房间里抽烟、焚香或烧木头。

◎ 包裹婴儿，以避免发生意外翻滚。

◎ 避免婴儿周围出现有窒息风险的物品，比如有可能盖住婴儿的脸或缠住他脖子的布，或者窗帘、帷幔的绳子。

知识点 The Happiest Baby on the Block

双胞胎：双倍的快乐，只要你能睡一会儿

美国政府报告称，每 30 个分娩者中就有一个生下双胞胎，这是有记录以来最高的比例。正如你想象的那样，双胞胎和多胞胎会让父母更难获得充足的睡眠，他们甚至没时间上厕所。凯斯西储大学的研究者发现，双胞胎的妈妈在最初几个月里，每晚只能睡 6.2 个小时。婴儿的爸爸情况更糟糕，一天只能睡可怜的 5.8 个小时。

如果你有双胞胎或多胞胎，以下建议有助于改善婴儿和你的睡眠。

◎ 婴儿在睡觉和哭闹时一律要使用包裹和白噪声。

◎ 婴儿的时间表要灵活。

◎ 运用"清醒－睡眠"法帮助婴儿学习自我安抚。

◎ 喂完一个宝宝后，弄醒另一个，也给他喂喂奶。

◎ 插空打个盹儿。

◎ 求助！家人、朋友、保姆能让你休息一会儿，这样你就不会崩溃。

◎ 给婴儿、照顾者和所有家庭成员都接种疫苗。

注意，如果几个婴儿睡在同一张小床上，那要确保他们都被包裹好了，而且在头一个月里尽量不要让他们睡在一张床上。英国的一项研究给 60 对双胞胎进行了睡眠录像，发现从刚出生到 5 个月大，并排睡的双胞胎有时会用胳膊挡住彼此的脸，这会引起轻微的呼吸问题，比如氧气减少，受影响的婴儿必须转头或者把另一个婴儿的胳膊推开。显然他们没有被包裹着。

早产儿：让小宝宝的睡眠进入正常状态

知识点　The Happiest Baby on the Block

早产儿看起来那么小、那么脆弱，难怪他们的爸爸妈妈会畏首畏尾，尤其是当他们生病，必须住进新生儿重症监护室的时候。

婴儿出院后，生活会变得格外令人疲惫。回家之初的几周里，早产儿经常每两三个小时就醒一次，整晚如此。婴儿已经习惯了重症监护室里的灯光和活动，家里黑漆漆的寂静着实令人不安。婴儿回到家后经常出现的问题是哭闹。哭闹通常在早产儿从医院回到家前后开始升级。不是因为护士很能干，而是因为那时他们刚好进入正常的哭闹期。

幸好以下小技巧能帮你度过这几个月。

◎ 白天多喂奶、多搂抱、多摇动，与他们肌肤接触，保持镇静反射一直处于激发状态。

◎ 减少家里的各种过度刺激。

◎ 小睡、晚上睡觉和哭闹时都要使用包裹和白噪声。

◎ 你要抽空补觉。

◎ 如果可以，找家人帮忙。

◎ 确保婴儿、全家人和照顾者都及时接种了疫苗。

◎ 减少访客，尤其是大一点的孩子，坚持让每个人都洗手，
　将细菌和疾病拒之门外。

◎ 不抽烟，不用炒锅，不点蜡烛，不烧木柴。

爸爸妈妈们对睡眠的常见疑问

问：当我把睡着的婴儿放下时，他通常几分钟内就会醒来大哭。这
　　是为什么？

答：婴儿即使睡着了，也会对周围情况有感觉。你的宝宝能清楚地
　　感觉到在你温暖怀抱里的摇动与平坦的小床之间的区别。为了
　　避免这个问题，在把他放进小床里之前，你应该包裹他，让他
　　含着安抚奶嘴并打开隆隆响的白噪声。这些都能让从你怀里到
　　小床上的转变感觉起来不那么突然。此外，可以用"清醒－睡
　　眠"法提高婴儿自我安抚的能力，或者用摇篮安抚他对环境变
　　化的感知。

问：如果婴儿刚吃完奶就睡着了，我应该
　　冒着把他惊醒的风险，给他拍嗝吗？

答：应该。拍嗝可以避免他睡觉过程中吐
　　奶。拍嗝的时候，你还可以查看他是
　　否需要换尿布。不用担心把孩子惊醒。吃完奶后，他会觉得有

注意：睡觉时在婴儿的屁
股上涂些软膏也是个好主
意，如果他在半夜尿了或拉
了，软膏能保护他的皮肤。

点"醉"，当你使用 5S 法和"清醒 - 睡眠"法后，他应该会很快进入梦乡。

问：在暖和的天气里，我担心会过度包裹我的宝宝。怎么判断他是否过热？

答：这其实很简单，摸摸他的小耳朵就行了。如果他的小耳朵又红又热，说明他太热了；如果小耳朵凉冰冰的，说明他冷了；如果小耳朵既不凉也不热，说明他的体温正好。

即使在温暖的天气里，包裹对婴儿也是有益的。你可以只给他穿纸尿裤，用轻薄的棉布或者凉爽的网布包裹他，摸一摸他的耳朵，确保他没有过热。

问：当婴儿的体重突增时，他的睡眠是否会受到干扰？

答：新生儿长得特别快，6 个月左右的时间体重就会增长一倍。有些婴儿的生长比较稳定，但很多婴儿的生长是间歇性的，有生长突增期和平台期。在生长突增期时，婴儿夜间会更频繁地醒过来，哭着要奶喝。这可真的是按需哺乳。

问：为什么我的宝宝一大早就醒了？

答：即使婴儿睡着了，他们依然能感觉，能听见、看见。晨光透过他们闭着的眼睛和薄薄的颅骨，发挥着闹钟一样的作用。幸好，白噪声、包裹以及令人平静的摇动能把很多早醒的婴儿再次哄睡。隆隆响的白噪声还能让清晨的鸟叫、狗吠、汽笛声和邻居家的噪声变得让人听不清。另外，你还可以试试遮光窗帘。如果你不能哄婴儿继续睡，你就不得不告别温暖的床了，这时可以带着你的"公鸡宝宝"出去健步走。

问：婴儿在背带里睡觉是错误的吗？

答：走路时把婴儿放在婴儿背带里是很好的做法，它能给婴儿带来他们在第四妊娠期所需的摇动、搂抱和有节奏的声音。这就可以解释为什么婴儿被带着到处走时，几乎不可能醒着。不用担心你会无意中让他们养成坏习惯。第四妊娠期过后，4 个月大的婴儿会有很多其他自娱自乐的技能，不再需要被带着到处走了。

注意，如果婴儿在背带里坐得太靠下，他们的头向前垂着，有可能会发生窒息。确保你能始终看到宝宝的脸，如果有呼吸问题，你会及时发现。

问：让婴儿在我胸口上睡觉可以吗？

答：让婴儿在你胸口上睡觉是很甜蜜的事情，但这会引起不必要的风险。俯卧的婴儿发生窒息和猝死的风险更高。我还担心婴儿会从父母的胸前摔下来。有一次，我半夜接到一个电话，一个 4 周大的婴儿从睡着的爸爸的胸口上摔了下来，撞到了床边的墙上。幸好婴儿没受伤，正如你想象的，他的爸爸妈妈感觉糟透了。

问：一旦我的宝宝能翻身了，是不是就可以不再包裹他了？

答：在出生后最初的 4～6 个月里，绝对不要让婴儿俯卧睡觉。除非因为医学原因，医生专门建议这样做。在 2～4 个月大时，婴儿开始能翻滚成危险的俯卧姿势。包裹会使他们难以把腿翻过去，达到翻身的目的，因此常常能让婴儿延迟一两个月翻成俯卧姿势。但是如果你家 2 个月大的"小杂技演员"即使被包裹着也能翻身怎么办？在这种情况下，我有两点建议：一是确保你包裹得正确，让婴儿手臂伸直，被紧紧地包裹在体侧，这会让翻身变得更加困难；二是使用白噪声，这会让婴儿不那么烦躁不安，减少翻滚的可能性。

问：我家 7 个月大的小家伙每次小睡只有 30 分钟，醒来后又累、脾气又坏。我怎么能让他多睡一会儿？

答：婴儿睡的时间短很常见，可能是因为房间太安静了，或者因为
环境刺激太多。到两三个月大时，婴儿变得更爱社交，电视机
发出的声音或其他幼儿的声音会打断他的小睡。另外，房间如
果太安静，有些婴儿就无法入睡。隆隆的白噪声能让婴儿的镇
静反射持续，从而改善他们的睡眠。

爸爸妈妈的观点：来自战壕里的证言

> 我们费了九牛二虎之力，就是想让他睡个安稳觉。我们把他放在毯子
> 里摇动，把他放在小车里推来推去，抱着他在房间里走来走去，等等。
> 令人吃惊的是，经过这番折腾，他也没睡多少觉。他看起来总是完全
> 清醒，就好像他不需要睡觉似的。
>
> G. L. 普伦蒂斯（G. L. Prentiss），
> 《伊丽莎白·普伦蒂斯的生活与书信》（*The Life and Letters of Elizabeth Prentiss*）

可怜的普伦蒂斯或许可以从以下这些爸爸妈妈们身上学到些东西，他
们成功地改善了宝宝夜间睡眠的质量。

> 我们的女儿伊芙 4 周大时，醒着的时间更多了，脾气也更坏了。
> 她不吃奶或睡觉的时候，就哭哭闹闹的。一天晚上，她哭得太久了，
> 鼻子变得不通气，开始呼吸不畅。我把她抱在怀里，我的手臂支在
> 晃动的衣物烘干机上，然后给医生打电话。噪声、振动和烘干机的
> 温暖让她安静了下来，所以我才能和医生通话。
>
> 医生告诉了我如何使用 5S 法，而不是用烘干机。在接下来的
> 几周里，我熟练掌握了 5S 法，伊芙也能每晚连续睡六七个小时了。
>
> ——莎莉和迈克尔，3 个孩子的妈妈和爸爸

怀亚特 2 个月大时，我们注意到，包裹和白噪声能让他每晚睡 5 个小时，而不包裹、没有白噪声时，他只能睡 3 个小时。我俩一个是护士，另一个是内科医生。

怀亚特睡得那么好让我们很开心，但有点担心他会对这些感觉上瘾，当他长大一些，没有这些感觉时会睡不好。所以当他刚到 3 个月大时，我们就不再包裹他了，也停掉了白噪声。

一切似乎还不错，直到怀亚特 4 个月大时，他突然开始每两个小时就醒一次，并大哭，整晚都如此。一个朋友告诉我们说，他在出牙，但服用对乙酰氨基酚完全不管用。我猜测他在经历生长突增，但吃米粉也无济于事。怀亚特 4 个月体检时，医生建议我们停止给他吃药和米粉，尝试再次使用包裹和白噪声。

老实说，我认为怀亚特太大，不再适合包裹了，但我实在没有别的办法。仅仅两个晚上，我们的小伙子从一晚上哭 5 次变成只醒一次，大口吃完奶后立马又睡着了，一直到早上 6 点。他非常喜欢 CD 里的雨声。这种声音对我们的睡眠也有帮助！

——丽萨和艾伦，两个孩子的妈妈和爸爸

第四妊娠期结束，出现了
一道彩虹

他开始能回馈给我们一点爱了。

弗朗丝，
4 个月大孩子的妈妈

出生时，埃斯米是个胖胖的婴儿，有很好闻的味道，她需要调动全部注意力才能盯着妈妈的眼睛。到 4 个月大时，她会对房间里的任何人露出灿烂的笑容，好像在说："我是不是很棒！"

自从切断婴儿的脐带后已经过了 4 个月，但直到现在婴儿才真正准备好出生。他已经能很好地适应从子宫到外面这个世界的巨大改变了。

在第四妊娠期这条长长的隧道的终点出现了一丝光亮，那是一道美丽的彩虹。婴儿在这短短 4 个月里的成长是令人惊讶的。一开始他像无助的小老鼠，现在他大脑的体积增长了 25%，已经是能做出反应的、快乐的家庭一员了。

渐渐地，婴儿放松的、张开的双手可以抓住拨浪鼓或你的鼻子，可以用萌萌的、没有牙的咧嘴笑来让每个人都爱上他。度过几个月模糊的视力期和长时间的睡眠期，4个月大宝宝的"咯咯"笑声似乎是在向世界宣布："带妆彩排结束了，我已经准备好初次登场了！"

到4个月大时，你的小家伙正在逐步掌握人类最重要的技能之一，即在交流中轮流说话。这开始于你和他玩的傻傻的小游戏，你们互相微笑，"咿咿呀呀"。这被称为原型对话或最早的对话。

婴儿不是唯一为余下的人生阶段做好准备的人，我相信你也为更多的娱乐和休息做好了准备。在过去的4个月里，你无私地承受着疼痛、疲劳和焦虑，你学到的知识足以让你获得"婴儿学"博士学位。恭喜你！你所有的爱和辛苦汇聚成了这光辉的一刻。今天，你是最有经验的爸爸妈妈之一，而真正的乐趣才刚刚开始！

危险信号和红色警报：
何时必须寻求医生帮助

　　值得庆幸的是，大多数肠绞痛婴儿并不是真的生病了，他们只是"想家"，并努力应对着子宫外的生活。这就可以解释为什么5S法能发挥那么大的作用。但是，如果使用了5S法，婴儿还是继续哭闹，你该怎么办？

　　首先，检查你的S法做得是否正确。如果你一切都做得很对，那么给医生打电话，让他给婴儿做检查，确保婴儿没有健康问题。

　　为了判断婴儿的哭闹是因为闹情绪还是因为疾病，医生会寻找以下这10个基本征兆。之后还有10个红色警报，医生会由此断定婴儿的哭闹是由疾病引起的。

10个危险信号：问题的征兆

　　当你带婴儿去看医生时，他很可能会问你以下3

个问题，以便判断你的宝宝是有肠绞痛，还是有更严重的疾病。

◎ 婴儿生长发育得好吗？

◎ 婴儿其他方面都正常吗？

◎ 婴儿不哭的时候，表现得开心吗？

如果你对其中任何一个问题的回答是否定的，医生就会开始寻找以下 10 个危险信号，即预示医学问题的症状。

1. **持续的呻吟。**比如经常哼哼，哭哭啼啼。

2. **发出尖锐的哭声。**音调很高，很尖锐，不像婴儿平时的哭声。

3. **呕吐。**每次的呕吐物超过 30 毫升，每天呕吐超过 5 次，有黄色或绿色的呕吐物。

4. **大便出现问题。**比如便秘或腹泻，尤其是大便带血。

5. **吃奶的时候哭闹。**比如扭动、拱起身体，吃奶时啼哭。

6. **体温不正常。**直肠体温低于 36.4℃或高于 38℃。

7. **烦躁易怒。**婴儿持续啼哭，几乎没有平静的时候。

8. **嗜睡。**睡的时长是平时的两倍，连续 12 个小时总是迷迷糊糊或不好好吃奶。

9. **脑袋上软软的那个部位，**即囟门鼓起来了，即使在婴儿坐着的时候也是鼓起的。

10. **体重增长不理想。**每天增长不足 28 克。

10 个红色警报：医生可能会提到的疾病

医生检查哭闹的婴儿时，首先会判断哭闹是否预示着严重的问题。食物敏感或过敏是引起肠绞痛的常见医学原因。只有 1% 的肠绞痛婴儿存在其他的问题。以下是最主要的一些问题。

感染：从耳朵感染到阑尾炎

你也许认为判断婴儿是否有感染的最好方法是测量体温，但很多生病的新生儿并不发烧，有些甚至体温偏低，即直肠体温低于 36.4℃。如果婴儿嗜睡或烦躁易怒，你应该马上给医生打电话。他会检查婴儿是否有以下问题。

◎ **耳朵感染**。哭闹、不安，但很少猛击自己的耳朵。

◎ **尿路感染**。婴儿的尿液可能有异味，但通常没有。

◎ **大脑感染、脑膜炎**。嗜睡或烦躁易怒；呕吐，脑袋上软软的那个部位，即囟门鼓起等，24 小时后情况会恶化。

◎ **阑尾炎**。胃部发硬，食欲差，烦躁易怒。这在婴儿中是很罕见的。

◎ **肠道感染**。患上引起呕吐和腹泻的"肠道感冒"，婴儿可能接触过生病的亲属或朋友。

腹痛：从肠道阻塞到胃酸反流

以下是导致婴儿肠绞痛的最常见的医学问题，按发生频率的高低降序排列。

◎ **食物敏感或过敏**。大约 5%～10% 的哭闹婴儿存在饮食问题，改变配方奶粉品牌或妈妈的饮食能使症状得到改善。除了啼哭，过敏还会造成婴儿呕吐、腹泻、长皮疹或大便中有带血黏液。

◎ **胃酸反流**。不到 1% 的婴儿肠绞痛是由吃奶或吃完奶后的胃部烧灼感引起的。

◎ **肠道阻塞**。这是一种非常罕见的紧急疾病。婴儿会感到一阵阵疼痛的痉挛，还会呕吐，或者停止排便。肠道阻塞引起的呕吐常常带有明显的黄色或绿色呕吐物。

注意： 在婴儿出生后的最初几天里，母乳喂养的婴儿的呕吐物也会带有黄色，那是初乳的颜色。但是如果婴儿的呕吐物呈淡黄色，那最好要警惕，立即给医生打电话，以确定这不是更严重问题的征兆。

呼吸问题：从鼻塞到舌头太大

鼻塞是呼吸问题的常见原因。婴儿用鼻子呼吸，除了在他们哭的时候。这就是为什么当过敏或感冒让他们的鼻子不通气时，他们会变得很狂躁。

检查婴儿的鼻子堵不堵很容易。你可以用小拇指的指尖堵住他的一个鼻孔几秒。他应该会用另一个鼻孔呼吸，这时你会听到呼呼响的呼吸声。对另一侧鼻孔也重复相同的做法。

如果检查时，婴儿变得焦躁不安，那他的鼻孔可能被黏液堵住了。尝试用生理盐水、母乳或吸鼻器清理黏液。尽量消除家里的灰尘、霉菌、喷雾剂、香水、烟雾等，也不要抽烟、烧木柴、点蜡烛和焚香，要避免任何会让婴儿鼻塞的东西。但是如果情况没有改善，请给医生打电话。

婴儿可能会因为舌头太大而呼吸困难，这种情况非常罕见。当婴儿躺着时，舌头会落入嗓子的后面，令他窒息。这个问题通常在出生后不久就会显现出来，因为舌头太大了，会伸到嘴巴外面来。幸好小小的手术就能解决这个问题。

脑压增加

婴儿头颅内的压力太大时会出现以下症状。

◎ 烦躁易怒，因为头疼而啼哭。

◎ 呕吐。

◎ 不寻常的高音调的哭号。

◎ 脑袋上软软的那个部位，即囟门鼓起来了，即使在婴儿坐着时。

◎ 前额处的血管膨胀。

◎ 头部生长太快。每次婴儿体检时，医生都会测量婴儿的头围，从而发现这个问题。

◎ 落日眼，即黑色或其他颜色的虹膜上有一块新月形状的白块。这会使婴儿的眼睛看起来像快落山的太阳。

如果婴儿出现这些症状，要立即给医生打电话。

皮肤疼痛：细线或头发缠绕在了手指、脚趾或阴茎上

在过去几年里，平静的婴儿如果突然尖声哭闹起来，爸爸妈妈们会赶紧查看尿布里的安全别针。如今，他们应该查看是否有细线或头发紧紧地缠住了婴儿的手指、脚趾或阴茎。如果是这种情况，就需要立即采取医学处理，医生会轻敷一点脱毛膏来分解头发。

嘴疼：从鹅口疮到出牙

鹅口疮是口腔内的一种真菌感染，它很容易辨认，婴儿的嘴唇上和嘴里会出现擦不掉的奶白色残留物。有时鹅口疮会引起嘴疼，让婴儿变得特别爱哭闹。鹅口疮还会引起凸起的红色尿布疹，或者让用母乳喂养的妈妈的乳头又红又痒。

幸好鹅口疮很容易治疗，婴儿会很快痊愈。

你或许想知道出牙是否会引起哭闹。但在第四妊娠期，婴儿还不太可能出牙。

肾疼：泌尿系统堵塞

肾脏堵塞是很隐蔽的婴儿哭闹原因。典型的肠绞痛会在晚上恶化，而肾脏疼痛不分白天黑夜。肠绞痛在两三个月后会改善，而肾脏疼痛通常只会愈演愈烈。

眼睛疼：从青光眼到角膜擦伤

婴儿眼睛疼也很罕见，原因可能是青光眼导致的眼球内的压力太大；角膜意外擦伤；或者眼皮下面有微小的刺激性东西，比如炭渣或睫毛。如果婴儿的眼睛发红，流眼泪，可以想想这些可能性。

过量用药：过量的钠或过量的维生素 A

持续的呻吟、哭闹可能是因为婴儿摄入了过量的钠或盐。如果配方奶粉中加的水太少，就有可能出现这种情况。在婴儿出生后的最初几周，如果母乳喂养的妈妈奶水很少，也有可能发生这样的情况，但非常罕见。奶水少会让其中盐的含量增加。爸爸妈妈很容易发现这类问题，因为婴儿的体重会减轻，不喝其他液体，整天都烦躁易怒且嗜睡。

体内有过量的维生素 A 极其罕见，但服用了过量维生素补充剂或鱼油的婴儿会变得爱哭闹。

饮食补充剂、咖啡因、巧克力和刺激性的中草药也会通过母乳进入婴儿体内，导致婴儿烦躁和哭闹。

其他疾病：从偏头痛到心力衰竭

研究发现，婴儿期有肠绞痛的孩子往往会发生偏头痛。但是我们很难相信肠绞痛的哭闹是头痛的征兆。如果头痛是婴儿哭闹的原因，那为什么乘车或吸尘器的声音能安抚哭闹呢？吵闹的噪声不是会让偏头痛更严重吗？为什么哭闹在婴儿 6 周大时最严重，三四个月后会神奇地消失？

其他引起婴儿哭闹不止的罕见疾病包括骨折、果糖不耐受、甲状腺功能亢进和心力衰竭。这样的婴儿基本上会一整天都吃不好、睡不好、玩不好。

新手父母的生存指南：应对新生儿的 10 条生存法则

我们已经把婴儿的问题都探讨完了，现在让我们谈谈父母的困扰。

照顾宝宝可能是你做过的回报最大的事情，但也是最困难的，你要应对激素的变化、压力、肿胀的乳房和疲惫。

作为新手爸妈，你应该已经注意到了，当你向 5 个人征求建议时，会得到 10 种不同的观点。如果你对照顾婴儿没什么经验，这尤其会让你不知所措。

但无数人在你之前做过爸爸妈妈，无疑你也能做得很好。

以下是 10 条生存建议，它们能使你更有信心地应对最初几个月的挑战，而不至于疯掉。

相信自己

相信你自己。你知道的比你认为自己知道的更多。

斯波克医生

埃米莉的宝宝夏洛特才出生 4 天，她和宝宝还住在医院里。一切还算顺利，但作为毫无经验的新手妈妈，埃米莉的信心出现了动摇。"我通常是个乐观主义者，但我做了一些奇怪的梦，梦见我把宝宝丢下走了。我丈夫罗伊开玩笑说，他担心我们带夏洛特出院回家时，会发生一些毫无预料的危机。"

很多妈妈一会儿觉得自己是照顾孩子的专家，一会儿觉得自己是个菜鸟。育儿专家们令人糊涂的建议，比如多抱，不要多抱；多喂，不要多喂等，更加深了这种焦虑感。

但是在失去信心之前，请想一想：从人类历史来看，你可是连续不断的成功育儿链条上的一环。你和你的宝宝之所以能生存下来，是因为你是世界上最好的妈妈、最善于保护孩子的爸爸和最强壮的孩子的后代。你并非无所不知，但没关系，无数人在你之前做过父母，他们也并非都擅长钻研复杂的事情。

放松，记住，你的宝宝最需要的是乳汁和你的爱。你需要做的是有耐心、支持他，或许还有隔一会儿就给他做做按摩。

不要以为你清楚自己在做什么

你会发现，有了宝宝后就像睡觉时你躺在了自己的床上，醒来时却发现自己身在津巴布韦。

桑娅在女儿丹妮斯分娩前对她说的话

婴儿出生后最令人吃惊的一件事是，你并不会自动地知道如何照顾婴儿。贝丝有个 3 岁大的孩子，她开玩笑地说："在第一次怀孕的末期，我唯一有资格做的事情就是填写表格和买孕妇装。"

如果你有一些经验，做父母会比较容易。但很多新手爸妈从来没有接触过新生儿。要知道，在人类历史上，这种情况以前从未发生过。

怀孕时如果有人打趣说："你的生活绝对会不一样了！"你可能只是耸耸肩，根本不往心里去。没有人相信自己的宝宝会很棘手。在怀孕期间，你的日常生活基本上算是正常，这很容易让你产生虚假的安全感。

在分娩前，很多女性以为照顾婴儿就像怀孕一样是自然就会的，但是现在你知道了，事实绝非如此。在生宝宝之前，你悠闲地躺在浴缸里想：我准备好了，我完全可以。在婴儿出生后，一个月前还可以慢慢享受的沐浴突然变得像去加勒比海度假一样遥远。

另一件令人震惊的事是，你并没有像你以为的那样，立即爱上自己的宝宝。有些爸爸妈妈一抱起新生儿，心里就充满了爱意，但并非每个人都是这样。这是可以理解的，毕竟很少有人会一见钟情。不用担心，给爱一点时间，让它慢慢成长。就像歌词里唱的那样："爱，急不来。"

最后一件令人吃惊的事是，分娩后，你的大脑会发生改变。记忆力减退的状况也在提醒你，你的生活暂时失控了。一位新手妈妈开玩笑说："我猜在分娩时，我大脑的一部分和胎盘一起出去了。"

很多女性说，分娩把她们变成了彻头彻尾的"笨蛋"。从某方面来看，她们说得对。哺乳使你身体中的催乳素水平升高，再加上其他重大的激素改变，你会变得健忘。这可能有助于让你忘记分娩的疼痛。

长期的睡眠剥夺让这种健忘的状态又恶化了 10 倍，具体可以参照前文有关醉酒和疲惫的章节。

请对自己耐心一点、好一点。短短几个月后，你就会恢复，而且世界上没有人比你更了解你的宝宝了！

接受所有可以得到的帮助

> 当离开佛罗里达州，开始我的第一份工作时，我很享受那种新鲜的独立感。但当宝宝诞生时，我很想念我的家人，这是一种之前从未有过的想念。我突然特别希望、特别需要他们在我身边。
>
> 凯瑟琳，
> 2 个月大婴儿的妈妈

在人类历史上，爸爸妈妈们从来不会认为他们需要独自照顾婴儿。现代社会的核心家庭由一个妈妈和一个爸爸撑起似乎很正常，但只是进入 20 世纪以来，这个状态才开始成为常态。事实上，核心家庭是人类历史上最疯狂、最冒险的试验之一。

几千年来，新手爸妈会有许多朋友和家人帮他们做家务、照顾孩子，这对夫妇以后可以回报这些帮助。

　　莎伦是一位兼职工作的妈妈，她的家人在几千公里之外居住，她也没有请保姆。莎伦很疲惫，但她发誓她会尽一切努力让自己的孩子诺亚和阿里尔健康快乐。"我觉得自己像一株老西红柿，果实看起来丰满、可口，但滋养它们的植株看起来蓬乱、衰弱。"

　　你可能以为请个保姆照顾婴儿就会轻松很多。但老实说，你可能需要请 5 个保姆！所以不要不好意思请求帮助，或者为花钱请人帮忙而感到内疚。不妨把能帮你的人都罗列出来，看看谁能给你带来可以加热的炖菜，谁能帮你打扫卫生，谁能在你小睡时帮你照看孩子。亲朋好友和邻居的帮忙并不是奢侈，也不代表失败。这只是有史以来新手爸妈得到的最少量的帮助。

搞清楚对你最重要的事情

> 有几次，哭闹的宝宝比我睡着得早些，我利用了那段属于我的时间！我浸没在泡泡浴中，放松地喝一杯饮料，看看书，祈祷她能多睡一会儿。
>
> 弗朗西丝·伯克（Frances Wells Burck），
> 《婴儿感》（*Babysense*）

　　我鼓励爸爸妈妈们去寻求一些帮助，但是如果得不到帮助，你也不要担心：你可以做得很好，只要你管理好自己的优先级。

　　投入时间照顾婴儿，其他事情尽可能往后排。例如，婴儿出生刚 1 周时，就不适合招待外地来的亲戚。正如我妈妈经常说的："愚蠢的礼貌要不得。"来几位祝福者没问题，但要确保他们是健康的、能帮上忙的。不会做饭或不会打扫房间的来访者只会占用你宝贵的时间，更糟糕的是，他们还会带来细菌。人们也许会说你多疑，但因为有新生儿，你完全有理由过度保护。

对每个打来电话的人表示感谢，在电话里甜蜜地宣布婴儿的健康数据，告诉他们未来几周你不会给他们打电话。当然，你也可以预先给他们打电话，但要给自己留下一些喘息的时间，以便做一些对你来说更重要的事情，比如泡个热水澡。

知识点 The Happiest Baby on the Block

休息：新手爸妈的重要维生素

有时候最紧急、最重要的事情是打个盹儿。

阿什莉·布里朗特（Ashleigh Brilliant）

青少年时，我们非常渴望熬一夜不睡觉。现在熬一夜会让我们觉得快垮掉了。极度疲惫会扭曲新手爸妈对世界的看法，就好像照哈哈镜，会让我们感到焦虑、抑郁、暴躁和不称职。有些国家审问犯人的方式就是每当犯人睡着时就把他们弄醒。

因此，婴儿小睡时你也小睡；当有人照顾婴儿时，你就去睡觉；无论如何，尽量多休息。

灵活安排

你不得不接受，有时你是鸽子，有时你是雕像。

罗杰·安德森（Roger Anderson）

生活中有些时候，不肯妥协是值得赞扬的，但那不是在成为新手爸妈之后。我认为，所有新手爸妈的车尾贴都应该是："要么灵活变通，要么去死！"

　　做父母的一项特权是，你可以选择如何养育你的孩子。但同样重要的是，你可以把你的期望扔出窗外，在事情搞得一团糟时，全部重来。

　　如果你喜欢有序、准时，家里一尘不染，那么你需要练习新的灵活性，还需要深呼吸。现在是时候把你的待办事项清单丢到一边了，至少丢几个月，接受时钟暂时从工具变成墙上的装饰物这个事实。你要认识到，在一段时间里，白天和夜晚并没有什么区别。

　　你已经购买了这趟过山车的票，所以随它去吧，拥抱这个重大的生活冒险带来的惊叹、敬畏和喜悦！

感知你自己

　　婴儿的啼哭让你有什么感觉？在婴儿尖声哭闹时，你能冷静地想："他今天一定过得不好吗？"或者你会焦虑而沮丧地想："我一定做错了什么！""我不配做他的妈妈。""他以为他是谁？"

　　婴儿的哭闹对父母的心理有巨大的影响，会勾起他们过去的苦恼经历。你会突然想起别人对你的批评，以及很久之前别人对你的嘲讽。你发现自己变得易怒，或者采取了防御的姿态。当然，这一切都是不合理的。婴儿还那么小，根本不会批评你。但是疲劳和压力愚弄了你，让婴儿无辜的哭声听起来像是激烈的攻击。

　　请不要批评你自己。这是初为人父、人母正常的一部分。当你的内心涌起这些情绪时，勇敢些，和配偶或其他真正关心你的人分享你的感受。越多地交流过去的痛苦和当下的恐惧，你就越能更好地将婴儿的啼哭和过去的压力、创伤分隔开。

防止沮丧带来的婴儿虐待

几乎没有什么事情能比快速安抚婴儿的哭闹更让你感觉良好了。当你的尝试都失败时，没有什么事情比这感觉更糟糕。

记住，婴儿的哭声会比吸尘器的噪声还响。难怪把他抱在肩膀上，他直接对着你的耳朵大哭会令人很痛苦。婴儿的哭声拉响了你神经系统中的红色警报，让你心跳加快，肌肉收紧，非常想立即止住婴儿的啼哭。如果你同时还感到疲惫、抑郁、有经济压力、身体疼痛、激素紊乱、家庭冲突，以及有被虐待的历史，那婴儿的哭闹会更让你难以忍受。

这些力量混合在一起，会让非常有爱心的父母也失去耐心，坠入虐待儿童的黑暗深渊。一位举止温和的爸爸告诉我，半夜女儿大哭时，他发现自己摇动摇篮会更用力一些。"我觉得自己如此无能，是一个糟糕的家长。我的女儿这么不开心，我似乎什么也都不了她。"

无论你感到多么绝望，记住，情感和行为之间存在着巨大的差异。如果你觉得受不了了，完全可以说想把孩子扔到某家的门口，只是不要真的那么做。

如果你接近爆发了，可以做如下这些事。

◎ 减轻你的劳动负担，找人帮你打扫房间、看孩子。

◎ 做一些身体活动，以发泄情绪，比如挖个坑、锤钉子、打沙发、冲着枕头大喊、跑跑步。

◎ 找人聊天，可以给亲属、朋友或心理咨询热线打电话。

保持幽默感

大笑者长存！

玛丽·佩蒂博恩·普尔（Mary Pettibone Poole）

有时候，做父母似乎就是喂饱那些会咬你的嘴。

彼得·德瓦瑞斯（Peter De Vries）

唯一正常的家庭就是你不太了解的家庭。

乔·安西斯（Joe Ancis）

婴儿比你以为的更麻烦……也更美好。

查尔斯·奥斯古德（Charles Osgood）

当问题拒绝排队时，我很难一次只处理一个问题。

阿什莉·布里朗特

养育孩子是一系列的任务和挑战。你不想犯错，但不可避免。记住，"完美"只出现在字典里。因此，放下尊严，忘记条理和秩序，温柔地对待你自己，尽可能大笑！

开怀大笑正是医生开给你的处方。看一些滑稽的电影，或者重看《老友记》。想象金·卡戴珊（Kim Kardashian）给婴儿拍嗝，婴儿把一大口奶吐在她背上。试着拿一切开玩笑，笑你的头发，笑你的宝宝，笑你乱糟糟的家。当小宝宝的尿布漏了，漏到了沙发上，要哈哈一笑。笑你自己成了以前在聚会上避之不及的女人，那种热烈地讨论拍嗝和宝宝大便颜色的女人。

照顾你的配偶，他 / 她会派上用场的

谢丽尔和杰夫的第二个孩子柯蒂斯 4 周大了。有一天杰夫说："这个孩子出生后，我们还没做过一次爱。"谢丽尔回击道："你在想什

么？我身体上每一个和性爱有关的部位要么在渗漏，要么在抽痛，要么在青肿。"

照顾新生儿又费力又费时，你很容易觉得自己付出了 110% 的努力，这个通常是真的；而配偶只付出了 70% 的努力，这个通常不是真的。

实际上，第一次当爸爸妈妈需要两个人共同努力。要做的事情那么多，唯一能把事情做完且依然能保持双方友好的方法就是进行团队合作。

不妨从婴儿的视角来看这个问题。你们两个人协作才能使他的世界达到平衡。他永远都不想听到你说："宝贝，我为你放弃了一切。我甚至把你看得比你爸爸/妈妈更重要。"如果可以，婴儿会让你坐下来，并说："不要担心我。我很好，但我以后需要你们俩。所以，去找点乐子，看部电影，照顾好你自己！"

照顾婴儿很重要，但你们依然应该抽出时间给彼此一些温柔的体贴，互相支持、宠爱、拥抱。一起散散步，给对方按摩，擦擦后背，亲昵一会儿。不要把配偶视为空气，或带着怒气上床。放对方一马，不要严厉地批评对方。

婴儿刚出生的几个月会是最困难的时刻，但好消息是，如果你们像团队一样合作，你们的关系会比以往任何时候都更牢固。

致爸爸：感激你的妻子，她是伟大的创造女神

妈妈是伟大的英雄！谈到创造婴儿，男人的确是捐助了一些精子，而女人就好比拉着车从阿拉斯加州来到墨西哥湾。事实上，除了男人的第 23 条染色体，婴儿身上的每个分子都来自妻子的身体。他身上的每个细胞都好像带着一个小小的标签，上面写着"经妈妈检验"。

在孕育的 9 个月里，你的生活基本正常；而你妻子的身心都被拉扯着。让我们面对现实吧，任何看过妻子生产的男人都会明白，谁是弱者。

孩子出生后，你的妻子会承担起另一项令人敬畏的责任。在你去上班的时候，她要在家里应对溢乳、乳房疼痛，要努力减掉多长出来的几十斤体重，还要对付毫无理由对着她号得脸红脖子粗的小家伙，而她几乎没有受过相关的培训。

接下来是性爱，或根本没有性爱。当开始哺乳后，你的妻子会把乳房看成哺乳的工具。在禁欲了几周甚至几个月后，你渴望亲呢。但是新手妈妈常常"盆腔疲惫"，没有什么性欲。

你的妻子比以往更需要你的关注、支持和温柔。给妻子买花，帮忙换尿布，让她休息休息，让她可以和朋友一起出去放松一下。这才是她真正需要的支持。

> **注意：** 毫无意外，成功哺乳和避免妻子抑郁的最佳预测因素之一就是丈夫的支持程度。

致妈妈：感激你的丈夫，那个和你一起创造生命的人

好吧，妈妈们，到目前为止所有"辛苦活"都是你做的，你甚至没时间上厕所，但新手爸爸也不容易。记住，你的丈夫对自己也有很高的期望。行走江湖，在竞争中为家人提供好的生活对大多数男人来说都是很大的压力。

尽管你的丈夫不说，但不要以为他的感受没有你的深切。很多新手爸爸面对婴儿时会像邀请女孩参加毕业舞会时一样紧张。婴儿尖锐的哭声同样会让男人出汗、心跳加快、血压升高。

所以，对你的丈夫耐心一点。在他需要的时

> **注意：** 专家猜测，分娩后巨大的激素变化会诱发妈妈的产后抑郁。但我对这个理论有怀疑，因为它无法解释为什么产后抑郁会在分娩后数月才开始，而且领养孩子的妈妈和很多新手爸爸也会患上抑郁。

候，你能在他身边。不过，当他摸索着学习如何包裹婴儿，如何用 5S 法安抚婴儿时，不要冲上去把一切都搞定，耐心帮助他会让他觉得你对他有信心，当他自己能做好时，他会感觉非常棒。

不要忽视产后抑郁

听起来也许会令人震惊，但10% ～ 40%的新手妈妈在分娩后的几周里，喜悦中有时会冒出不快乐的感觉。她们发现自己变得更焦虑、更容易哭、更担忧或更疲惫，与此同时却睡不着，所有这些都是产后抑郁的早期迹象。

产后抑郁会有以下 3 个不同的层次。

1. **产后抑郁**：轻微的伤心、焦虑和失眠。
2. **产后抑郁症**：强烈的、令人无力的悲痛感。
3. **产后精神病**：一种严重且罕见的疾病，症状包括幻觉、不一致的陈述和奇怪的行为。

产后抑郁

产后抑郁通常从产后几周开始，会持续数天到数周。没人知道为什么新手妈妈会出现产后抑郁，但其他压力，比如睡眠剥夺和婴儿哭闹，会加重症状。

抑郁的情况非常普遍，很多医生认为这是为人父母正常的一部分。然而，未曾预料到的焦虑、恐惧和悲伤会令人很痛苦。

一天晚上，莎拉感到很沮丧，她打电话给我，说 4 周大的宝宝

让她产生了抑郁的感受。莎拉说："朱莉一直哭闹，一直难以满足。我觉得自己的快乐被剥夺了。我害怕她哭，因为我永远不知道哭声会持续两分钟还是两个小时！最要命的是，我睡觉很轻，对她的哭声很敏感，每天只能睡一小会儿。"

"我焦虑、疲惫……已经快崩溃了。我的保姆能平静地照料朱莉，这让我禁不住觉得，是我拙劣的安抚技能让宝宝的情况变得更糟了。"

我让莎拉和她的丈夫来找我，以便教他们 5S 法。我认为莎拉的主要问题源自疲惫，但也担心她出现了抑郁的早期征兆。在会面结束时，我鼓励莎拉约

> 注意：尽管我们用的是"抑郁"这个词，但很多女性产后感受到的是惊慌和担忧，而不是悲伤。

个精神科医生，以防这些方法不管用。幸运的是，莎拉很快掌握了这些技能，朱莉的哭闹和睡眠有了显著改善。随着朱莉睡得更多，莎拉也睡得更多了。她开始感觉自己是个好妈妈。她说："一周之内，阴霾散去，我的生活有了转机。昨天，我用不到两分钟就让小宝宝安静下来了，我骄傲极了！"

产后抑郁症

我的整个世界突然漆黑一片。我一会儿内疚，一会儿绝望，一会儿焦虑，我觉得自己要么太震惊了，要么就是疯了。我想象自伤，这样就可以被送进医院，摆脱令人窒息的重担。我觉得我在受惩罚，因为我之前认为自己是个好妈妈。我觉得我不配有孩子，我会哭上几个小时。

路易莎，
3 周大孩子的妈妈

产后抑郁症会损害女性的心理健康。在本该是她们人生中最欣喜的几

周里，大约 10% 的妈妈会有强烈的焦虑感和悲伤情绪。

这些症状会在分娩后的任何时间出现，会持续数周到数月，甚至更长时间。其他压力会让症状加剧，比如婴儿的哭闹、身体疲惫或疼痛、缺少配偶支持、财务压力、家庭问题等。大约 50% 处于高风险状态的新手妈妈会患上产后抑郁症。

精疲力竭加上婴儿尖锐的哭声会触发令人痛苦的回忆，比如被人怒吼或嘲讽。情绪的巨浪会让妈妈们觉得好像悲伤、羞愧、恐惧和无望会淹没她们。无论丈夫说什么理解支持的话，她们都会认为丈夫不可能真正理解她们的感受。就像路易莎的体验一样，抑郁会让人幻想自伤或伤害婴儿。

抑郁这个黑洞吸走了女性的乐观和信心。伴随而来的羞愧和孤僻使大多数女性将自己的痛苦隐藏了起来，不告诉家人、朋友和医生。

如果你有这样的感受，请记住你并不孤单，而且这不是你的错。抑郁症是一种疾病，你并不比其他病人更应该承担责任，或更应该感到内疚。

请一定要寻求帮助！

注意：甲状腺水平的突然降低也会导致严重的抑郁症。一定要让医生检查一下你是否患有这种可治疗的疾病。

医生会建议你参加支持性团体，进行锻炼，多晒太阳，改善饮食，补充维生素 D 和 Ω-3 脂肪酸，服用抗抑郁药物，接受催眠或心理咨询。请用 5S 法，并整晚播放白噪声来提升婴儿和你的睡眠质量。睡上几晚好觉常常能让你的看法改变很多。

产后精神病

大约每 1 000 名女性中会有 1 名出现这种可怕的产后疾病，它通常发生在分娩后两周之内。一般来说，这些身心错乱的新手妈妈会听到有人在叫她的名字，或者让她做可怕的事情。她们还会有强迫性的行为，反复做奇怪的事情，或者拒绝吃东西，行动变得异常活跃，精神极其错乱。

如果你认为自己或其他你认识的人可能患有这种严重的疾病，请马上寻求医疗帮助。

产后精神病是可以治疗的，但它也绝对是一种紧急疾病。

一个人的思想，一旦被新观点拉伸，就永远不会恢复到原来的尺寸了。

奥利弗·温德尔·霍姆斯爵士（Oliver Wendell Holmes Sr.）

我是一名儿科医生，我很喜欢这份职业。在我有幸从事的医学领域里，我融合了生物学家的一部分、心理学家的一部分、人类学家的一部分、动物模拟艺人的一部分，甚至祖母的一部分。

在这本书里，我也会以这些身份现身说法。我最重要的目的是和婴儿的父母、祖父母、外祖父母，以及每个关心婴儿健康的人分享这些技巧，让他们知道如何把他们爱的信息转换成宝宝能理解的语言。

我用了很多年来准备这本书的再版，如果没有一些家人、朋友、同事的鼓励，这本书可能永远都不会面世。我要对他们表示由衷的感谢。

感谢我亲爱的妈妈索菲娅，她教会我为这个世界上的所有美好与秩序而惊叹。感谢我的爸爸乔，我要学习他的耐心，他无私地慷慨庇护着我，使我能够接受教育。

感谢我非凡的妻子，我的灵魂伴侣尼娜。她打开了我的心灵和视野，是我的良师益友，是我的指南针。感谢我的岳母黛萨，她是一个充满勇气、独一无二的女人。感谢我的女儿莱克茜，她很有风度地容忍我不陪伴她而长时间地工作。

感谢我杰出的、不断成长的团队：Marija Sipka、Kelly Nielson、Roy Kosuge、Steve Hecker、Jovo Majstorovic、Neal Tabachnick、Louise Teeter、Yves Behar。感谢 Fuseproject 团队、Deb Roy、Rupal Patel、Loree Stringer、Matt Beliin、Jesse Gray、Bill Washabaugh、Ted Larson、Sharon Fox、Zack Exley、Tony Donofrio。

感谢我的老师 Arthur H. Parmelee，他非常擅长化繁为简，这有助于我学习如何观察和理解孩子们。

感谢 Julius Richmond、T. Berry Brazelton、Tiffany Field、Brad Thach、Fern Hauck、Rachel Moon、Rosemary Horne、Peter Blair、Ronald Barr、Ian St. James-Roberts 和很多其他的科学探索者，他们好奇而坦诚，他们的研究工作引导我进入婴儿的内心世界，并发现这是一个美妙的世界。

感谢阅读、评价和审阅这本书的医生和朋友们：Julius Richmond、Steve Shelov、Jim Hmurovic、Arianna Huffington、William Coleman、Morris Green、Lewis Leavitt、Stanley Inkelis、Neal and Fran Kaufman、Roni Cohen Leiderman、James McKenna、Barton Schmitt、Elisabeth Bing、Julee Waldrop、Teresa Olsen、Ann Kellams、Marty Stein、Anne Grauer、Tina Sharkey、Keely and Pierce Brosnan、Madonna、Michelle Pfeiffer、Larry David、Alfre Woodard、Hunter Tylo、Robin Swicord、Nick Kazan、Jerry and Janet Zucker、Kristen and Lindsay Buckingham、Toby Berlin、Michael Grecco、Laurie David、Eric Weissler、Richard Grant、Sylvie Rabineau、Katy Arnoldi、Laurel and Tom Barrack、Joathan Feldman、Dick and Lise Stolley、Carrie Cook。感谢我的合作伙伴和工作人员，他们的支持使这本书的完成

成为可能。

感谢很多付出时间和努力研究 5S 法的医生和研究者：Manjusha Abraham、Argelinda Baroni、Erika Bocknek、Ruben Fukkink、Margreet Harskamp van Ginkel、Christopher Greeley、John Harrington、Sarah Hoehn、Deepak Kamat、Carole Lesham、Maria Muzik、Nicole Miller、Joanna Parge、Ian Paul、Heather Risser、Roos Rodenburg、Robert Sege、Martine Stikkelorum、Benjamin Van Voorhees、Lonnie Zeltzer。

感谢全世界无数育儿类组织的领导者，他们组成的联盟具有非凡的价值，是他们将这些信息带给了新手爸妈们：Laura Jana、Martha Kautz、Julie Shaffer、Michelle Saysana、Jennifer Shu、Barton Schmitt、Anita Berry、Sherry Iverson、Sherry Bonnes、Matthew Melmed、Chris Lester、Jetta Bernier、Don Middleton 等。

感谢成千上万"快乐宝宝"课堂的认证教育者，他们在美国和世界各地的大学、医院、公共卫生项目、军事组织、监狱、青少年教养计划中为新手爸妈提供了安抚技能和信心。

感谢企鹅兰登书屋（Penguin Randon House）的优秀团队，从才思敏捷的编辑 Marnie Cochran，到诙谐、富有想象力的插画师 Jennifer Kalis，再到提供内行建议的代理 Suzanne Gluck，感谢你们！

最重要的是，我要由衷地感谢所有接受 5S 法，并和朋友、家人分享它的父母们。最让我高兴的是听到一位妈妈或爸爸说，他们从装配线上的工友那里，从教会的牧师那里，从在游乐场遇到的父母那里，甚至从陌生人那里了解到了这些信息。

感谢所有人！

译者后记

　　每个照顾过新生儿的新手爸妈都体会过不知所措的感觉。婴儿那么小、那么软，也不会说话，哇哇大哭起来真让人摸不着头脑。他是饿了吗？尿了吗？寂寞了吗？哪儿不舒服吗？他喜欢什么，不喜欢什么？新手爸妈只能自己摸索。但这个过程会比较艰难，可能犯了很多错误，最后也没找对方法。在这个过程中，新手爸妈，尤其是新手妈妈会承受巨大的压力，吃不好，睡不好，充满了挫败感。新生儿也不好过，他们经历了从子宫到外部世界的巨大改变，但没有人懂他们。他们除了无助地大哭，什么也做不了。双方都在努力靠近对方，结果却可能越离越远。

　　这时真的需要卡普医生帮助你。作者哈韦·卡普是美国最受人尊敬和信任的儿科医生之一，有超过30年的从业经验。从本书的字里行间，你可以读出他对婴儿的了解和关爱，也可以看出他对新手爸妈的理解。任何当过爸妈、照顾过新生儿的人看到书中的描写，都会禁不住想："是啊，就是这样。"卡普医生还会时不时幽默一下，让人不禁莞尔。

卡普医生的突破性观点是：婴儿需要第四妊娠期。由此产生了安抚婴儿的 5 个步骤，即 5S 法：包裹、侧卧 / 俯卧、嘘声、摇动、吮吸。有些方法符合我们的直觉，有些有违我们的直觉。而且，每种 S 法具体怎么做可能也和你以为的不同。建议你认真阅读本书，多多练习。现在很多家庭都有老人帮忙带孩子，所以你还有责任把这些方法教给老人。老人有一些老经验，但可能有些是错的。为了宝宝和全家人的快乐，你既要当好学生，又要当好老师。

看到书里有很多爸爸妈妈说出自己使用 5S 法的感受，他们在使用 5S 法之前多么苦恼，多么束手无策，甚至多么愤怒；使用后婴儿就变成了乖宝宝，爸妈变成了哄娃超人。我在想：好神奇啊！真想手边有个哭闹的宝宝让我试一试。

最后，感谢冯征、王璐、赵丹、徐晓娜、卫学智、张宝君、郑悠然和王彩霞在本书的翻译过程中给予我的帮助和支持。

医学声明

本书中提到了很多与照顾婴儿有关的建议和信息，
它们并不能替代医学建议，只能作为儿科医生的建
议与治疗意见之外的参考与补充。有关孩子健康的
任何问题或担忧都要咨询儿科医生。

未来，属于终身学习者

我这辈子遇到的聪明人（来自各行各业的聪明人）没有不每天阅读的——没有，一个都没有。巴菲特读书之多，我读书之多，可能会让你感到吃惊。孩子们都笑话我。他们觉得我是一本长了两条腿的书。

——查理·芒格

互联网改变了信息连接的方式；指数型技术在迅速颠覆着现有的商业世界；人工智能已经开始抢占人类的工作岗位……

未来，到底需要什么样的人才？

改变命运唯一的策略是你要变成终身学习者。未来世界将不再需要单一的技能型人才，而是需要具备完善的知识结构、极强逻辑思考力和高感知力的复合型人才。优秀的人往往通过阅读建立足够强大的抽象思维能力，获得异于众人的思考和整合能力。未来，将属于终身学习者！而阅读必定和终身学习形影不离。

很多人读书，追求的是干货，寻求的是立刻行之有效的解决方案。其实这是一种留在舒适区的阅读方法。在这个充满不确定性的年代，答案不会简单地出现在书里，因为生活根本就没有标准确切的答案，你也不能期望过去的经验能解决未来的问题。

湛庐阅读APP：与最聪明的人共同进化

有人常常把成本支出的焦点放在书价上，把读完一本书当作阅读的终结。其实不然。

时间是读者付出的最大阅读成本
怎么读是读者面临的最大阅读障碍
"读书破万卷"不仅仅在"万"，更重要的是在"破"！

现在，我们构建了全新的"湛庐阅读"APP。它将成为你"破万卷"的新居所。在这里：

● 不用考虑读什么，你可以便捷找到纸书、有声书和各种声音产品；
● 你可以学会怎么读，你将发现集泛读、通读、精读于一体的阅读解决方案；
● 你会与作者、译者、专家、推荐人和阅读教练相遇，他们是优质思想的发源地；
● 你会与优秀的读者和终身学习者为伍，他们对阅读和学习有着持久的热情和源源不绝的内驱力。

从单一到复合，从知道到精通，从理解到创造，湛庐希望建立一个"与最聪明的人共同进化"的社区，成为人类先进思想交汇的聚集地，与你共同迎接未来。

与此同时，我们希望能够重新定义你的学习场景，让你随时随地收获有内容、有价值的思想，通过阅读实现终身学习。这是我们的使命和价值。

湛庐阅读APP玩转指南

湛庐阅读APP结构图：

三步玩转湛庐阅读APP：

使用APP扫一扫功能，
遇见书里书外更大的世界！

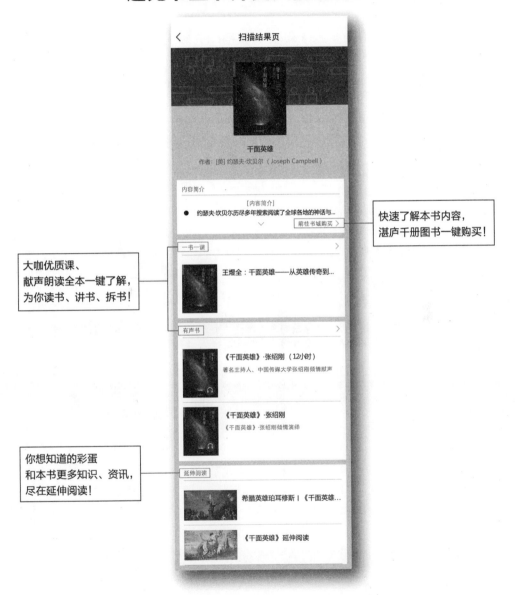

大咖优质课、
献声朗读全本一键了解，
为你读书、讲书、拆书！

你想知道的彩蛋
和本书更多知识、资讯，
尽在延伸阅读！

快速了解本书内容，
湛庐千册图书一键购买！

延伸阅读

《蒙台梭利家庭方案》

◎ 欧洲首对国际蒙台梭利协会认证中国爸妈，手把手带你在家蒙台梭利。

◎ 给你一套拿来即用的在家蒙氏方案，4 大核心家庭区域设计方案，打造蒙氏家庭环境；100 个蒙氏活动步骤详解，培养孩子 4 大核心能力。

◎ 国际蒙台梭利协会中国隶属协会创始人陈爱娣倾情作序。

使用"湛庐阅读"APP，
"扫一扫"获取本书更多精彩内容
ISBN 978-7-5536-7636-4

《21 招，让孩子独立》

◎ 心理育儿专家、丁香妈妈 TOP3 金牌讲师叶壮教你如何给孩子受益一生的独立资本。

◎ 围绕 3 个人生维度，打造 21 个日常妙招，从生活习惯到社交能力，千万别错过 0 ~ 6 岁儿童独立性养成关键期。

◎ 清华大学社会科学学院院长彭凯平、丁香园副总裁初洋盛情推荐。

使用"湛庐阅读"APP，
"扫一扫"获取本书更多精彩内容
ISBN 978-7-5536-7942-6

《魔法岁月》

◎ 著名儿童精神分析专家、美国幼儿心理健康和发展精神卫生治疗领域创始人之一塞尔玛·弗雷伯格的重要著作之一。畅销美国 50 年，了解 0 ~ 6 岁儿童的精神世界。

◎ 著名亲子专家陈禾、儿童教育专家罗玲、童话作家粲然联袂推荐，美国儿童发展研究协会前会长贝里·布雷泽尔顿倾情作序。

使用"湛庐阅读"APP，
"扫一扫"获取本书更多精彩内容
ISBN 978-7-213-06589-7

《法伯睡眠宝典》

◎ 哈佛医学院教授、美国波士顿儿童医院儿科睡眠疾病中心主任理查德·法伯力作。

◎ 美国最著名的法伯睡眠法，畅销近 30 年的永恒经典。

使用"湛庐阅读"APP，
"扫一扫"获取本书更多精彩内容
ISBN 978-7-213-05238-5

图书在版编目（CIP）数据

卡普新生儿安抚法（0~1岁）/（美）哈韦·卡普著；黄珏苹译 . —杭州：浙江人民出版社，2013.1（2019.10 重印）
　书名原文：The Happiest Baby on the Block
　ISBN 978-7-213-05158-6

　Ⅰ . ①卡⋯　Ⅱ . ①哈⋯ ②黄⋯　Ⅲ . ①新生儿－哺乳－基本知识　Ⅳ . ① TS976. 31

中国版本图书馆 CIP 数据核字（2012）第 242586 号

上架指导：育儿 / 教养

浙 江 省 版 权 局
著作权合同登记章
图字 : 11–2012– 193 号

卡普新生儿安抚法（0~1岁）

[美] 哈韦·卡普　著

黄珏苹　译

出版发行：浙江人民出版社（杭州体育场路 347 号　邮编　310006）
　　　　　市场部电话：（0571）85061682　85176516
集团网址：浙江出版联合集团　http://www.zjcb.com
责任编辑：蔡玲平
责任校对：朱志萍　姚建国
印　　刷：天津中印联印务有限公司
开　　本：720mm×965mm 1/16　　印　张：17
字　　数：210 千字
版　　次：2013 年 1 月第 1 版　　印　次：2019 年 10 月第 4 次印刷
书　　号：ISBN 978-7-213-05158-6
定　　价：69.90 元

如发现印装质量问题，影响阅读，请与市场部联系调换。